DÉCIO MARTINS DE MEDEIROS
Turma de 1975

ESTUDO DE FONTES POR COMUTAÇÃO
TRABALHO DE GRADUAÇÃO

*Orientação do Eng. Paulo Cesar Covett e
do Prof. Keiti Fugita*

DIVISÃO DE ELETRÔNICA
CENTRO TÉCNICO AEROESPACIAL
INSTITUTO TECNOLÓGICO DE AERONÁUTICA

1ª edição – São José dos Campos – 1975
2ª edição – São Paulo – 2021

Estudo de fontes por comutação

Informações bibliográficas:
Autor: Décio Martins de Medeiros.
Título: Estudo de fontes por comutação.
Subtítulo: Trabalho de graduação.
Local, Ano: São José dos Campos,1975 (1ª edição).
São Paulo, 2021 (2ª edição).
Páginas: 138 páginas tamanho 6″x9.
Assuntos: 1.Fontes Chaveadas 2.Eletrônica

RESUMO

Este trabalho de graduação enfoca dois tipos de fontes por comutação: um tipo a transistor baseado no sistema por modulação em largura de pulsos, e outro tipo a S.C.R. baseado no sistema por controle do angulo de fase de disparo. É feito um estudo de ambos os tipos chegando-se a conclusão de que, para se atender aos requisitos de funcionamento como fonte de alimentação de um receptor de televisão, a fonte a S.C.R. é mais adequada, haja vista que fornece uma tensão de saída regulada, da ordem de 110V para 1A de carga, e para tensões de rede desde 90 Vrms até 240 Vrms, eliminando-se assim a necessidade do uso do transformador de força. É importante destacar que tal fonte é mais econômica que as fontes reguladas convencionalmente utilizadas nos receptores de televisão da época.

Conteúdo

Introdução

Este trabalho foi realizado em regime de estágio no Departamento de Engenharia Avançada da *PHILCO RÁDIO E TELEVISÃO LTDA*. e compreendeu o estudo de fontes de alimentação em modo comutado visando o desenvolvimento de um sistema que pudesse ser aplicado aos atuais televisores totalmente transistorizados, onde a tensão de alimentação +B principal é de 110v 1A (cinescópios de 90°).

A alimentação dos televisores tem sido obtida através de retificação em meia onda ou onda completa a partir do transformador de força.

A idéia é obter a tensão +B principal diretamente da linha e as tensões secundárias obtidas através de enrolamentos secundários adicionais ao transformador de saída horizontal.

Uma possível configuração de alimentação de um receptor de televisão a cores é apresentada no *Diagrama 1*.

Foi levada em consideração o fato de que no Brasil encontramos vários valores de tensão de rede de distribuição:

110v – 127v – 220v

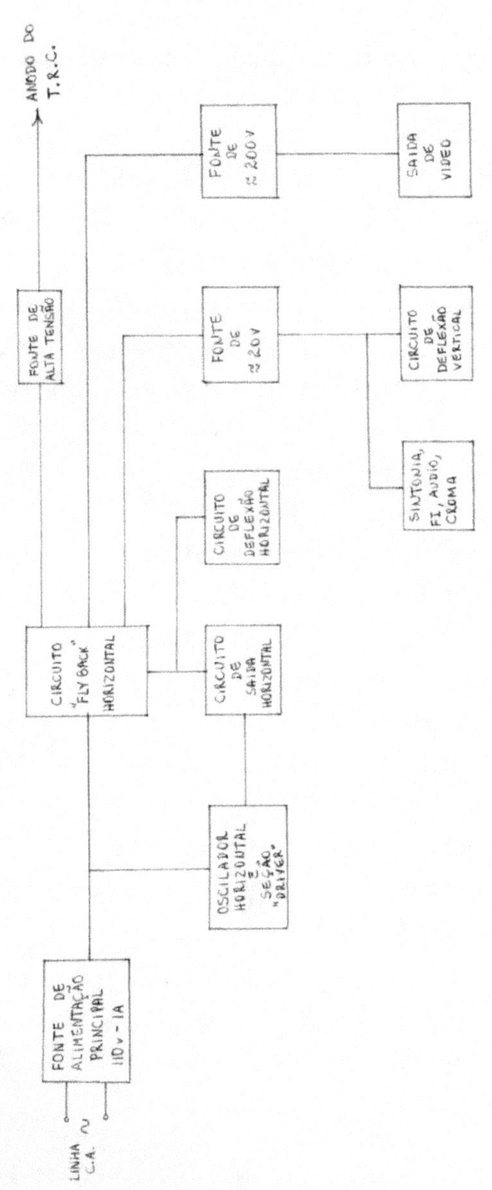

DIAGRAMA 1: Alimentação de um receptor de TV a cores.

A–Estudo de fontes por comutação a transistor

1.Vantagens da fonte por comutação a transistor

A realização de uma fonte de alimentação regulada pode ser feita convencionalmente por meio de um regulador linear série ou paralelo, o qual por sua natureza é pesado e ineficiente. A minimização de seu custo é determinada pelos materiais que compõem o transformador de força, os capacitores eletrolíticos e os dissipadores. Estes elementos compõem aproximadamente 80% do peso da unidade reguladora linear convencional.Visando a redução de peso, podemos realizar uma fonte regulada por comutação a qual sendo projetada para funcionar com rede de 220 Vrms e através de um circuito dobrador de tensão podendo funcionar também a 110 Vrms de rede, eliminamos o transformador.Trabalhando a uma freqüência de comutação elevada reduzimos os valores de capacitancia e indutancia de filtro.

Além disso , o sistema por comutação minimiza a dissipação e consequentemente o dissipador.

Um sistema por comutação pode ter como elemento comutador um tiristor ou um transistor, mas, o tiristor não é capaz de trabalhar a freqüência suficientemente alta, deste modo, estudaremos uma fonte por comutação a transistor.

O presente estudo baseia-se na técnica de modulação em largura de pulsos (ou *"Classe D"*).

2.Fonte básica

Baseado no estudo desenvolvido nas referencias TR3 e TR6 escolhemos o sistema de modulação em largura de pulsos auto-comutado, sincronizado ao sistema de deflexão horizon tal.

Diagrama

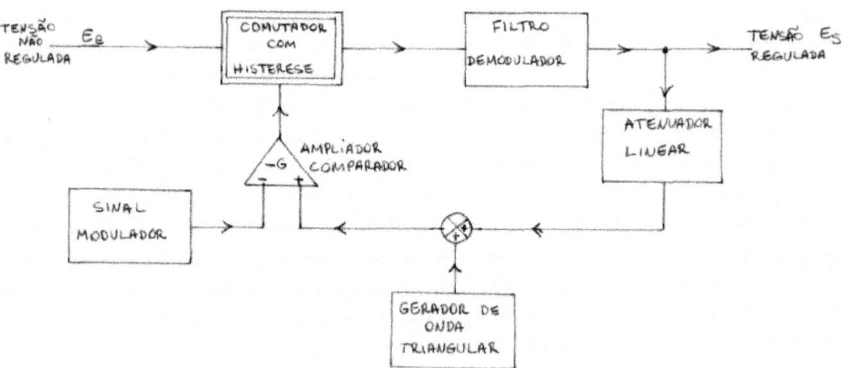

O gerador de onda triangular visa manter a frequência de comutação próxima a frequência de sincronismo horizontal do receptor de televisão; com isso minimizamos os efeitos de interferência na imagem.

O filtro demodulador é de 1ª ordem, de modo a se atingir a maior linearidade possível.

A tensão E_e é obtida à saída de um retificador da tensão da rede. O comutador fornece ao filtro demodulador a tensão E_e durante uma fração do periodo de comutação.

Essa fração é determinada pela diferença da amostra da tensão de saída e o sinal modulador de referencia. Na saída do comutador, temos então, pulsos de amplitude determinada pelo retificador da tensão de rede, de período determinado pelo gerador de onda triangular e, de largura modulada pelo sinal de erro na saída do comparador. Estes pulsos passam pelo filtro demodulador (*um filtro passa-baixas)* o qual elimina a componente alternada e o valor médio dos pulsos é obtido como a tensão D.C. de saída.

3.Teoria generalizada

O Diagrama de blocos simplificado para a análise é apresentado abaixo:

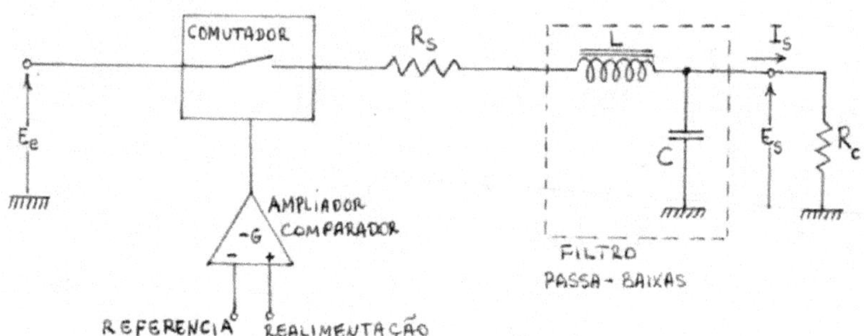

O comutador em sua condição de saturação conecta a tensão não regulada à entrada do filtro passa-baixas e, em sua condição de corte interrompe a conexão. A resistência de saturação do elemento comutador e a resistência série do indutor de filtro são tomadas como uma resistência única R_s em série com um comutador e indutor ideais.

Assim, o valor médio dos pulsos obtidos à saída do comutador, *será:*

$$\frac{E_e \cdot t_s}{t_s + t_c}$$

com $\quad t_s + t_c = \dfrac{1}{f_c} = T \quad$ e $\quad \dfrac{t_s}{T} = F$

onde: E_e= tensão de entrada

t_s= tempo de condução (condição de saturação do comutador).

t_c= tempo de não condução (condição de corte do comutador)

f_c= frequencia de comutação

T = periodo de comutação

F = fator de trabalho

A corrente média I_s na carga será:

$$I_s = \frac{E_e \cdot t_s}{(t_s + t_c)} \cdot \frac{1}{(R_s + R_c)}$$

A tensão constante E_s na carga será

$$E_s = \frac{E_e \cdot t_s}{(t_s + t_c)} - R_s \cdot I_s$$

tomando-se somente os termos de primeira ordem da expansão em série de Taylor, temos:

$$\Delta E_s = \frac{\partial E_s}{\partial E_e} \cdot \Delta E_e + \frac{\partial E_s}{\partial t_s} \cdot \Delta t_s + \frac{\partial E_s}{\partial t_c} \cdot \Delta t_c + \frac{\partial E_s}{\partial I_s} \cdot \Delta I_s$$

Ora, temos as seguintes derivadas parciais

$$\frac{\partial E_s}{\partial E_e} = \frac{t_s}{T}$$

$$\frac{\partial E_s}{\partial t_s} = \frac{E_e \cdot t_c}{T^2}$$

$$\frac{\partial E_s}{\partial t_c} = - \frac{E_e \cdot t_s}{T^2}$$

$$\frac{\partial E_s}{\partial I_s} = - R_s$$

Portanto:

$$\Delta E_s = \frac{t_s}{T} \cdot \Delta E_e + \frac{E_e \cdot t_c}{T^2} \cdot \Delta t_s - \frac{E_e \cdot t_s}{T^2} \cdot \Delta t_c - R_s \cdot \Delta I_s$$

Como a realimentação da tensão de saída varia tanto o tempo de saturação como o tempo de corte do comutador, de modo a manter a frequencia de comutação constante, temos:

$$\Delta t_s = - \Delta t_c \qquad \text{já que} \qquad t_s + t_c = T = \text{CONSTANTE}$$

portanto:

$$\Delta E_s = \frac{t_s}{T} \cdot \Delta E_e + \frac{E_e \cdot t_c}{T^2} \cdot \Delta t_s + \frac{E_e \cdot t_s}{T^2} \cdot \Delta t_s - R_s \cdot \Delta I_s$$

$$\Delta E_s = \frac{t_s}{T} \cdot \Delta E_e + \frac{E_e}{T} \cdot \Delta t_s - R_s \cdot \Delta I_s$$

$$\Delta E_s = F \cdot \Delta E_e + \frac{E_e}{T} \cdot \Delta t_s - R_s \cdot \Delta I_s$$

Devido ao circuito de realimentação temos:

$$\Delta t_s = -K\beta G \cdot \Delta E_s$$

onde: K é o coeficiente de conversão tensão - tempo

β é o fator de realimentação

-G é o ganho do ampliador comparador

assim:

$$\Delta E_s = F\Delta E_e - \frac{E_e}{T} \cdot K\beta G \cdot \Delta E_s - R_s \Delta I_s$$

$$\Delta E_s(1 + K\beta G) = F\Delta E_e - R_s \Delta I_s$$

O coeficiente de estabilização é definido como a razão da variação da tensão de saída pela variação da tensão de entrada em torno do ponto de operação do regulador quando a corrente de carga é mantida constante, portanto:

$$S = \frac{\partial E_s}{\partial E_e} = \frac{\Delta E_s}{\Delta E_e}\bigg|_{\Delta I_s = 0}$$

e como

$$\frac{\Delta E_s}{\Delta E_e} = \frac{F}{1 + K\beta G} - \frac{R_s \Delta I_s}{\Delta E_e(1 + K\beta G)}$$

temos:

$$S = \frac{F}{1 + K\beta G}$$

A resistência de saída é definida como o negativo da razão da variação da tensão de saída pela variação na corrente de carga em torno do ponto de operação do regulador quando a tensão de entrada é mantida constante, portanto:

$$R_0 = -\frac{\partial E_s}{\partial I_s} = -\left.\frac{\Delta E_s}{\Delta I_s}\right|_{\Delta E_e = 0}$$

e como

$$\frac{\Delta E_s}{\Delta I_s} = \frac{F\,\Delta E_e}{(1+K\beta G)\,\Delta I_s} - \frac{R_s}{1+K\beta G}$$

temos:

$$R_0 = \frac{R_s}{1+K\beta G}$$

resumindo:

$$S = \frac{F}{1+K\beta G}$$

$$R_0 = \frac{R_s}{1+K\beta G}$$

Normalmente, $K\beta G$ é elevado em reguladores bem projetados.

Note que o coeficiente de estabilização é diretamente proporcional ao fator de trabalho e a resistência de saída é independente do fator de trabalho.

4.Considerações sobre o filtro de saída

O comutador será um transistor, sendo comutado entre suas regiões de corte e saturação. O filtro será do tipo LC o que permite uma alta eficiência em potencia; mesmo quando o transistor está cortado, a tensão induzida continua a carregar o capacitor através do Diodo de comutação, por con¬seguinte aumentando a eficiência.

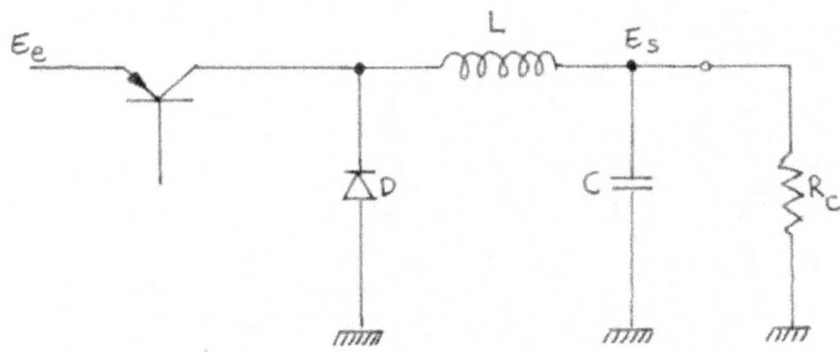

O circuito acima pode ser representado por:

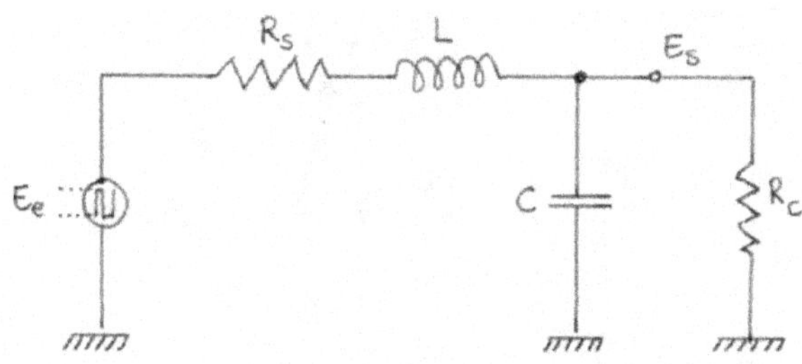

onde: R_s é a resistência de saturação do transistor associada à resistência série do indutor.

No estado saturado do comutador, supondo a queda de tensão sobre R_s despresivel

$$E_e - E_s = L\,\frac{di_L(sat)}{dt}$$

ou

$$\frac{di_L(SAT)}{dt} = \frac{E_e - E_s}{L}$$

onde $i_L(SAT)$ é a corrente pelo indutor durante a condução do transistor.

No estado de corte do transistor o diodo de comutação grampeia a tensão de coletor a aproximadamente zero (a queda de tensão direta no diodo é despresível) e ainda:

$$E_s = -\frac{L\,di_L(cort)}{dt} \qquad ou \qquad \frac{di_L(cort)}{dt} = -\frac{E_s}{L}$$

onde $i_L(cort.)$ é a corrente pelo indutor durante a não condução do transistor.

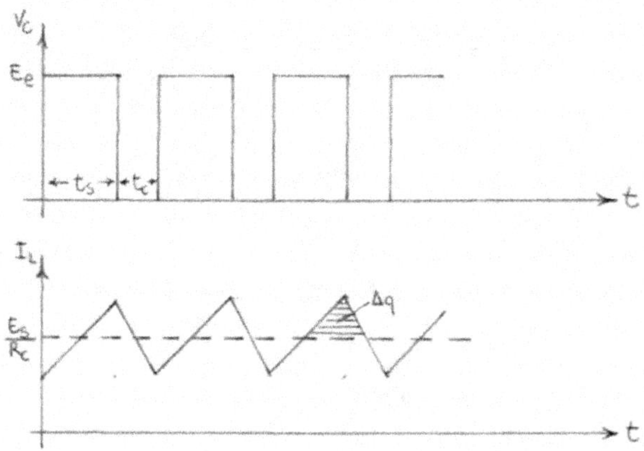

corrente de ondulação no capacitor de filtro

Quando a corrente pelo indutor é maior que a corrente de carga, o excesso de carga carrega o capacitor, fazendo com que a tensão sobre o capacitor suba de valor.

Quando a corrente pelo indutor é menor que a corrente de carga, o restante da corrente é fornecido pelo capacitor e a tensão sobre si cai de valor. A carga durante um ciclo ê:

$$\Delta q = \frac{1}{2}\left(\frac{t_s+t_c}{2}\right)\left(\frac{d\,i_{L(SAT)}}{dt}\cdot\frac{t_s}{2}\right)$$

a variação da tensão sobre o capacitor fica

$$\Delta e_s = \frac{\Delta q}{C}$$

onde Δe_s é a tensão pico a pico da ondulação, já que a descarga é na mesma proporção.

A tensão de ondulação é *então*:

$$\Delta e_s = \frac{t_s(t_s+t_c)}{8C} \cdot \frac{di_{L(SAT)}}{dt}$$

como vimos:
$$\frac{di_{L(SAT)}}{dt} = \frac{E_e - E_s}{L}$$

portanto:
$$\Delta e_s = \frac{t_s(t_s+t_c)}{8LC}(E_e - E_s)$$

como:
$$E_s \simeq E_e\left(\frac{t_s}{t_s+t_c}\right) \quad\Rightarrow\quad E_e = E_s\frac{(t_s+t_c)}{t_s}$$

temos:
$$\Delta e_s = \frac{t_s(t_s+t_c)}{8LC}\left[\frac{E_s(t_s+t_c)}{t_s} - E_s\right]$$

ou seja:
$$\Delta e_s = \frac{t_c(t_s+t_c)}{8LC} \cdot E_s$$

definindo a razão:
$$\eta = \frac{t_s}{t_c} \quad\Rightarrow\quad t_s = \eta t_c$$

como:
$$t_s + t_c = T = \frac{1}{f} \;\Rightarrow\; \eta t_c + t_c = \frac{1}{f} \;\Rightarrow\; t_c = \frac{1}{f(\eta+1)}$$

temos:
$$\Delta e_s = \frac{1}{f(\eta+1)} \cdot \frac{1}{f} \cdot \frac{1}{8LC} \cdot E_s$$

Para uma dada tensão de saída e uma dada ondulação, existem valores críticos de L e C que garantam que a corrente flua durante o ciclo. Considerando o fim da parte do ciclo de não condução :

$$\frac{di_L{}_{(CORT)}}{dt} \cdot \frac{t_c}{2} + \frac{E_s}{R_c} = 0$$

e como

$$\frac{di_L{}_{(CORT)}}{dt} = -\frac{E_s}{L}$$

assim:

$$L_{CRIT} = \frac{t_c R_c}{2} = \frac{R_c}{2f(\eta+1)}$$

$$C_{CRIT} = \frac{E_s}{8 L_{CRIT} f^2 (\eta+1) \Delta e_s}$$

Note que supusemos que os tempos de comutação são muito menores que t_s e t_c, além de desprezar as resistências de L e C.

Podemos realizar o seguinte desenvolvimento:

$$\Delta v = \frac{L \, \Delta i}{\Delta t}$$

$$(E_e - E_s) = \frac{L \, (I_{pico} - I_s)}{t_s/2}$$

$$\therefore \quad L = \frac{(E_e - E_s)}{(I_{pico} - I_s)} \cdot \frac{t_s}{2}$$

$$C = \frac{(E_e - E_s)}{\Delta e_s} \cdot \frac{1}{\omega^2 L} \qquad @ \; 1,2 \, E_s$$

5.Considerações sobre os semicondutores

A escolha do diodo de comutação é função de sua capacidade de suportar a corrente de pico direta, ter um tempo de recuperação pequeno, uma queda pequena de tensão direta, e uma especificação de pico de tensão inversa de pelo menos duas vezes a tensão de entrada.

O tempo de recuperação do diodo é importante devido a sua influencia no ruído de saída. Após o corte do transistor, o diodo conduz, carregando o capacitor. Quando o transistor conduz novamente, o diodo ainda está polarizado direto e aterra o transistor momentaneamente.

Esta dupla condução dissipa potência em ambos os dispositivos e é uma fonte de ruído.

O transistor comutador é escolhido de modo a suportar as correntes média e de pico, apresentar uma tensão de ruptura coletor-emissor maior que a tensão de entrada. Além disso, a tensão de saturação deve ser a menor possível quando a corrente de coletor é máxima. O tempo de comutação é a especificação mais importante, devendo-se manter esse tempo bem menor que o periodo da freqüência de comutação, de modo a minimizar as perdas.

Analisemos, agora a dissipação de potência no transistor, a qual é resultado de dois fatores principais:

Primeiramente, devido a tensão de saturação temos a seguinte potência média dissipada:

$$P_1 = I_c \, V_{CE(SAT)} \times \frac{t_s}{T} = I_c \, V_{CE(SAT)} \, f \, t_s$$

Onde I_c é a corrente média de coletor

Em segundo lugar, devido aos tempos de subida descida temos a seguinte potência média dissipada:

$$P_2 = \frac{1}{T} \int_0^{t_{SUB}} VI \, dt + \frac{1}{T} \int_0^{t_{DESC}} VI \, dt$$

Assumindo para a descida uma queda linear da corrente:

$$V = E_e \left(\frac{t_{DESC} - t}{t_{DESC}} \right) \qquad ; \qquad I = I_c \frac{t}{t_{DESC}}$$

assim:

$$\frac{1}{T}\int_{0}^{t_{DESC}} VI\, dt = \frac{E_e\, I_c\, t_{DESC}}{6T}$$

analogamente:

$$\frac{1}{T}\int_{0}^{t_{SUB}} VI\, dt = \frac{E_e\, I_c\, t_{SUB}}{6T}$$

assim;

$$P_2 = \frac{E_e\, I_c\, (t_{SUB} + t_{DESC})}{6T} = \frac{E_e\, I_c}{6}(t_{SUB} + t_{DESC})f$$

Finalmente, a potencia média total dissipada é:

$$P = I_c\, f\left[E_e\, \frac{(t_{SUB} + t_{DESC})}{6} + V_{CE(SAT)}\, t_s \right]$$

O comparador-ampliador e a tensão de referência são fornecidas pelo circuito integrado μA723, contudo como o sinal de saída desse circuito integrado não é capaz de comandar seguramente ao transistor comutador, usamos um transistor de comando.

6.Circuitos práticos experimentais

Inicialmente experimentamos o circuito abaixo:

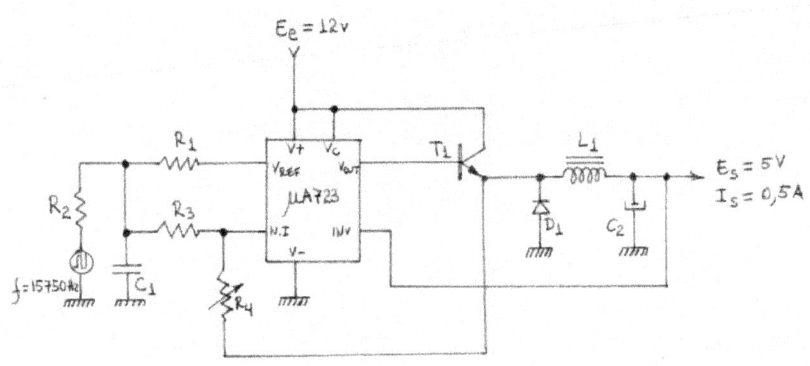

Relação de Componentes:

$R_1 = 15K\Omega$	$C_1 = 0,1\mu F$	$D_1 = E014$
$R_2 = 35K\Omega$	$C_2 = 100\mu F$	$C.I = \mu A723$
$R_3 = 1K\Omega$	$L_1 = 1,2mH$	
$R_4 = 1M\Omega$ (POT.)	$T_1 = BU\ 111$	

Verificamos que se diminuirmos a frequência natural de comutação (através da redução de R4, o que aumenta a tensão de histerese) de tal modo a torná-la muito menor que a frequência do gerador de pulsos, necessitaremos, para que haja sincronismo, de pulsos com amplitude muito maior do que se as freqüências forem próximas.

Assim, a frequência natural deve ser menor e próxima da frequência do gerador de pulsos evitando contudo, o fenomeno de batimento.

Deve-se também, desacoplar o nível DC introduzido pelo gerador de pulsos.

Outro problema verificado foi o não funcionamento do transistor em regime de comutação, devido às restrições do integrado.

Deste modo, o transistor não saturava nem cortava mas funcionava em alta e baixa condução; assim, introduziu-se um transistor de comando e realizou-se o circuito seguinte:

Circuito:

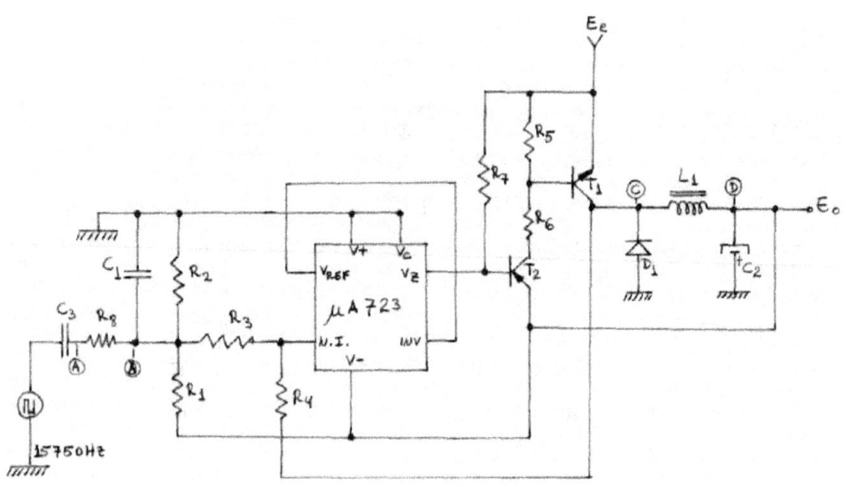

Relação de componentes:

$R_1 = 22K\Omega$ $C_1 = 0,1\mu F$

$R_2 = 22K\Omega$ $C_2 = 100\mu F$

$R_3 = 1K\Omega$ $C_3 = 0,68\mu F$

$R_4 = 500K\Omega$ (POT.) $L_1 = 1,2\ mH$

$R_5 = 100\Omega$ $D_1 = 1N4004$

$R_6 = 330\Omega$ $T_1 = BU111$

$R_7 = 1k\Omega$ $T_2 = BD\ 6004\ yk48$

$R_8 = 2,2K\Omega$ $C.I. = \mu A723$

R_4 foi ajustado para seu valor máximo (500KΩ) de modo que a frequência natural de comutação fosse aproximadamente 9,1KHz.

Realizou-se as medidas abaixo:

Frequência de comutação com sincronismo do gerador = f_T = 16KHz

Mínima amplitude de pulso para sincronismo= V_m = 1,8 V_{pp}

Tempo de comutação do transistor T1=tc=2μs

E_e (VOLTS)	I_e (mA)	E_0 (VOLTS)	I_0 (mA)
30	434	14,4	681
40	372	14,7	694
60	336	14,9	698

P_e (WATTS)	P_g (WATTS)	EFICIÊNCIA η %
13,02	9,81	75,3
14,88	10,20	68,6
16,80	10,40	61,9

Estudo de fontes por comutação

Formas de onda nas condições:

$E_e = 30V \qquad E_s = 14,4V \qquad I_s = 0,68A$

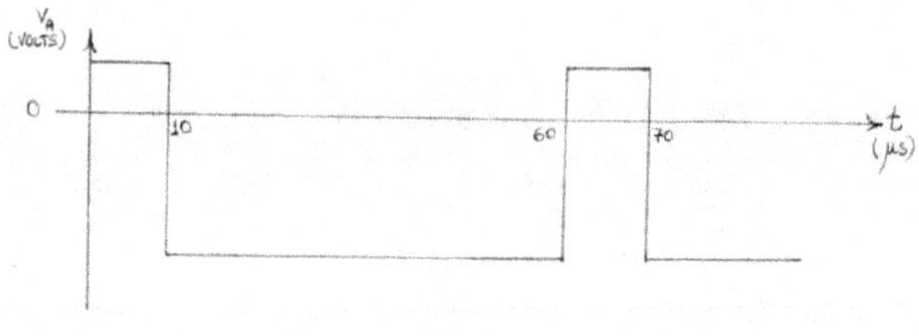

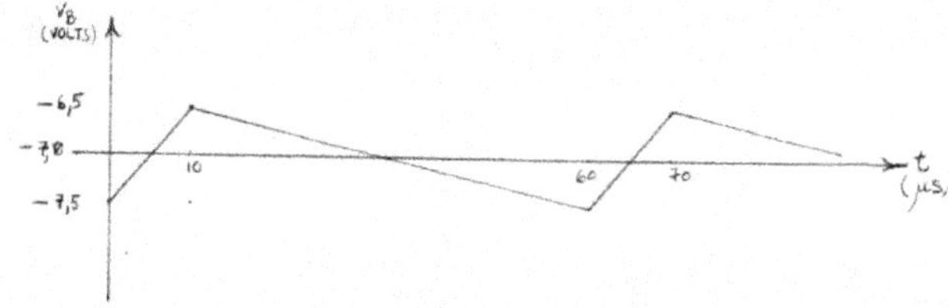

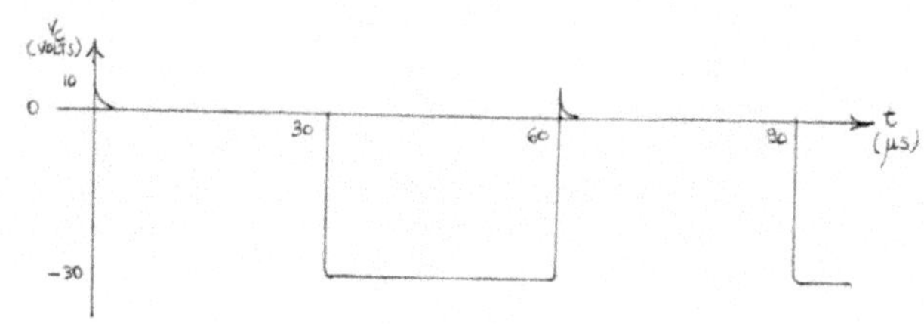

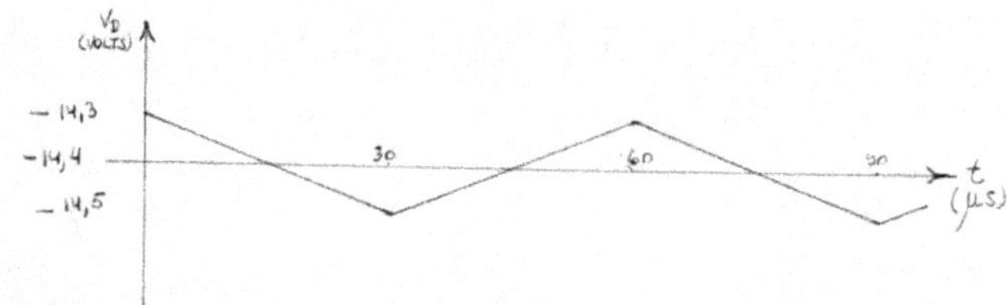

Como próximo passo será realizado circuito seme-lhante para uma tensão de entrada de 140 V_{rms} , contudo, como esta limitação é dada principalmente pela tensão de ruptura coletor- emissor com base aberta (V_{ceo}), escolhendo-se um transistor com V_{ceo} de mais de 350V poderíamos trabalhar com uma tensão de entrada de 220 V_{rms} , e no caso de 110 V_{rms} de tensão de rede, a idéia é a utilização de um dobrador de tensão.

O primeiro problema que surge é o da alimentação do circuito integrado, e para sua solução realizar-se-á a mon¬tagem em configuração "flutuante" através de um zener.

Circuito: Fonte negativa regulada por comutação.

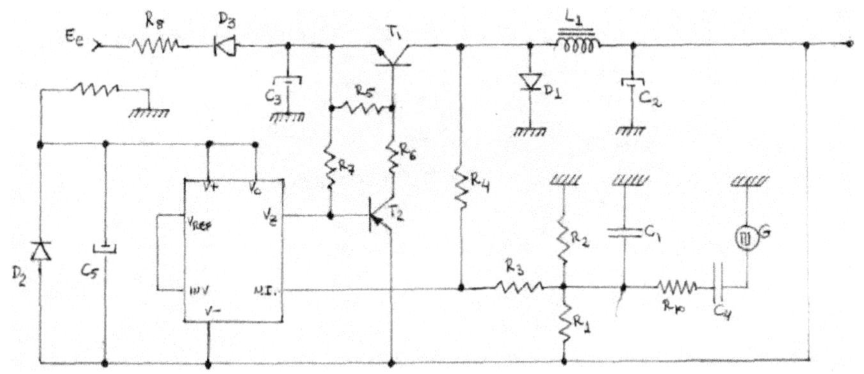

projeto: Será feito para E_e = 240 V_{rms}; Es = 110 v ; I_s = 0,5A , com exceção do retificador que foi projetado para os dados abaixo.

1. Retificador de meia onda: R_8, D_3, C_3

sejam dados E_s = 110 V

$$Is = 1 A$$

$$E_e = 220 \ V_{rms} \pm 20\%$$

deste modo P_s = $E_s . I_s$ = 110W. Supondo que o circuito tenha uma eficiência de aproximadamente 75% temos

$$P_e = P_s / \eta = 150W$$

De modo a utilizar um valor baixo de capacitância para C3, permitiremos uma ondulação apreciável.

Contudo, essa ondulação deve ser tal que seja sempre superior à tensão de saída E_s mais a tensão de alimentação do integrado.

Escolhendo como 14v a alimentação do circuito integrado, temos:

$$e_m - \Delta_e > e_m = 14 + E_s \cong 120v.$$

ora: $e_m = 180 \sqrt{2} \cong 254v$ no caso de E_e = 220v - 20%
(pior caso)

portanto: $\Delta_e < 134v$

escolhemos $\Delta_e = 120v$

então $\Delta_e \ rms = \dfrac{\Delta e}{2\sqrt{3}} \cong 34,6v$

O nível médio do sinal é: $V_{dc} = \dfrac{e_M + e_m}{2} \cong 194v$

Deste modo a ondulação é:

$$ondulação = r = \frac{\Delta e_{rms}}{V_{dc}} \times 100\% \cong 17,8\%$$

a resistencia de carga vista pelo retificador é:

$$R_L = \frac{V_{dc}^2}{P_e} = \frac{(194)^2}{150} \cong 252\,\Omega$$

tomemos para o resistor limitador da corrente de pico no diodo, o valor de 1% da resistência de carga, assim:

$$R_8 = 2,7\,\Omega\ @\ 10w$$

com o valor da ondulação $\pi \cong 17,8\%$ e da relação

$$\frac{R_8}{R_L} \cong 0,01$$

Entramos nas curvas de *SCHADE* e temos:

$$W\,R_L\,C_3 = 9\ ;\ I\ pico\ diodo = 8,5\ I_{dc}\ ;\ I_{rms} \cong 2,7\ I_{dc}$$

$$portanto:\quad C_3 = \frac{9}{2\pi \cdot 60 \cdot 252} \cong 100\mu F \Rightarrow C_3 = 100\mu F\ @\ 350v$$

$$I_{pico\ diodo} = 8,5\ I_{dc} = 6,5\ A$$

$$I_{rms} = 2\ A$$

O diodo D_3 deve suportar uma tensão inversa de 2 e_m, que no pior caso atinge 800v

Portanto, escolhemos: $D_3 = 1\ N\ 4006$

2. Filtro passa-baixas: $L_1\ C_2$

$$temos: \; L = \frac{(E_e - E_s)}{(I_{pico} - Is)} \cdot \frac{t_s}{2}$$

$$E_e \cong 200v \; (\text{retificação de } 140 \; R_{rms})$$

$$admitindo \; I_{pico} \cong 0,7A$$

$$t_s = \frac{E_s}{E_e \cdot f} \cong 35\mu s$$

$$L \cong 8mH$$

Usamos $L_1 = 20$ mh um choque de 470 espiras de fio 24 enrolado em núcleo de ferrite E com gap de 2mm

$$C = \frac{E_e - E_s}{\Delta e_s} \cdot \frac{1}{w^2 \, L}$$

$$permitindo \;\; \Delta e_s = 0,5v \; temos$$

$$\overline{\underline{C2 \cong 30\mu F \; @ \; 150v}}$$

3. Circuito chave: T_1 , D_1

O diodo deve ser rápido, ter um tempo de comutação menor que 1μs, deve suportar uma tensão inversa maior que 150v e uma corrente direta maior que 1A.

Escolhemos: $D_1 = 1N4004$ (Motorola)

O transistor deve suportar uma corrente de coletor maior que 1A, uma tensão coletor-emissor em base aberta maior que 300v, para tensão de entrada de 220 V_{rms}. Para tal pode ser usado o BU-111(SIEMENS) . No caso da experiência, como a tensão de entrada é 140 V_{rms}, pode-se usar o BU114 (SIEMENS) que apresenta V_{ceo} = 220V.

O transistor deve ser montado em dissipador.

4. Circuito de Comando: T_2, R_5, R_6, R_7, CI.

O C.I. utilizado foi o μA 723

O transistor T_2 deve suportar V_{ceo} = 250v no caso de tensão de rede de 220 V_{rms}.

No caso da experiência, como a tensão é 140 V_{rms} podemos utilizar o transistor TV116 (PHILCO) com V_{ceo} = 100v.

usamos: R_5 = 100Ω @ 1/4W

supondo β_1 = 20 no pior caso, para uma corrente de coletor de 1A temos I_{B1} = 1A/20 = 50 mA =>R_6 = 4K Ω @ 5W

assim: I_{B2}=10mA=R_7=300/(10x10^{-3})= 30KΩ @ 1,5W

no caso da experiência, para 140 V_{rm}s usamos:

R5 = 100Ω @ 1/4W

R6 = 1,5KΩ @ 5W

R7 = 5,6KΩ @ 2w

5. Fonte de alimentação do circuito integrado: R_9 , D2 , C_5

Para um diodo Zener de 14v aproximadamente, e para uma corrente de polarização de 5mA e sabendo que o C.I. consome aproximadamente 10 mA, temos:

$R_9 = (E_s - V_{zener})/(I_z + I_{CI}) = 5,6K\,\Omega$ @ 2w

O capacitor C5 é utilizado como filtro, e para um Δv de lv ; Δi de 10 mA; Δt de 10ms, temos:

$C_5\Delta v/\Delta t = \Delta i => C_5 = 100\mu F$ @25v

6.Histerese, sinal modulador: R_1, R_2, R_3, R_4, C_1

O divisor de tensão R_1, R_2 deve apresentar uma amostra do sinal de saída.

Para uma saída de 100 volts temos:

$$(R_1/(R_1+R_2))E_s = V_{inv} \text{ e como } V_{inv} = V_{ref} = 7v$$

que é o sinal modulador, temos $93R_1 = 7R_2$ *portanto temos*:

R1= 8,2 KΩ @1/4w e R2 = 120KΩ @1/4w

A histerese é dada por $V_h \cong E_o.(R_{in}/R_4)$

ora R_{in} é a resistência vista por R_4, e é aproximadamente R_3.

como $E_o \cong 300v$ tomamos $R3/R4 \cong 10^{-3}$

assim escolhemos:

R3 = 1KΩ @ 1/4w

R4 = 1MΩ @ 1/4w

Tomamos R_4 um potenciometro de modo a se ter um ajuste da histerese, para poder variar a freqüência natural de comutação.

O capacitor C_1 serve para desacoplar R1 e R2 de modo a que não afetem a histerese além de servir como integrador do pulso.

tomamos C1 = 0,1 μF.

7. Gerador de ondas triangulares: composto do gerador de pulsos e do circuito integrador R_{10}-C_1 , e do desacoplador D.C. C_4.

Para as condições da experiência não é necessária uma integração muito boa, sendo que empiricamente verificou-se que uma constante de tempo do integrador igual a 3 vezes o periodo de comutação era suficiente, portanto:

$$R_{10}\ C_1 = 3T \quad onde \quad T = \frac{1}{f} \cong 60\,\mu s$$

Observando que para a constante de tempo ser dada basicamente por R_{10} e C_1 devemos ter:

$$R_{10} \ll R_1 \,//\, R_2$$

$$C_4 \gg C_1$$

tomamos ainda

$$R_{10} = 2,2\ k\Omega \quad @\ 1/2w$$

$$C_4 = 0,68\,\mu F \quad @\ 150v$$

e assim temos

$$C_1 \cong \frac{3T}{R_{10}} \cong 0,1\,\mu F \quad @\ 150v$$

Temos então a seguinte relação de componentes

Resistores (@ 1/4W, exceto outra especificação)

$R_1 = 8,2\,K\Omega$

$R_2 = 120\,K\Omega$

$R_3 = 1\,K\Omega$

$R_4 = 1\,M\Omega$ (POT.)

$R_5 = 100\,\Omega$

$R_6 = 1,5\,K\Omega$ @ 5W

$R_7 = 5,6\,K\Omega$ @ 2W

$R_8 = 2,7\,\Omega$ @ 10W

$R_9 = 5,6\,K\Omega$ @ 2W

$R_{10} = 2,2\,K\Omega$ @ 1/2W

Diodos

$D_1 = 1N4004$

$D_2 = $ ZENER DE 14V

$D_3 = 1N4004$

Capacitores

$C_1 = 0,1\,\mu F$ @ 150V

$C_2 = 30\,\mu F$ @ 150V

$C_3 = 100\,\mu F$ @ 350V

$C_4 = 0,68\,\mu F$ @ 150V

$C_5 = 100\,\mu F$ @ 25V

Indutor

$L_1 = 20\,mH$

Transistores

$T_1 = $ BU114 (Siemens)

$T_2 = $ TV116 (PHILCO)

$CI = \mu A723$

Observou-se que sem sincronismo, como a frequência de auto-comutação depende da tensão de alimentação do comutador E_o e esta varia segundo a ondulação permitida, aquela também variará. Se ajustarmos a amplitude do gerador de pulsos e a tensão de histerese do comutador para que haja sincronismo, pode acontecer que quando a tensão de entrada cai abaixo de certo valor, a histerese diminui, aumentando a frequência de comutação a qual pode ultrapassar a freqüência do gerador de pulsos e consequentemente pode ocorrer o não sincronismo.

Assim, obtivemos:

Mínima tensão dos pulsos de sincronismo:
$8\ V_{pp}$

Mínima tensão de entrada para funcionamento em comutação o tempo todo:
$157\ V_{rms}$

Bibliografia referente a fontes por comutação a transistor

TR1 ASTON, Robin . A Novel Approach to Power Supply Design. Wireless World. G.B., Vol. 79 (1451): 243 - 245, May 1973

TR2 BURCHALLj Malcolm. Switching Power Supplies : Why and How. Electronic Engineer. G.B.,Vol 45 (547): 73 - 75 Sept.1973

TR3 COVETT, Paulo C. Contribuição ao estudo de sistemas por modulação em largura de pulsos. S.J.Campos, ITA, 1971

TR4 GEORGE, B.Variable 35v 10A Switched - mode Voltage Regulator. Mullard Technical Communications. G.B.,(119): 279 - 292,July 1973

TR5 GEORGE, B. 6V 100A Switched - mode power supply operating directly from the mains. Mullard Technical Communications. G.B. (123): 105 - 124)July 1974

TR6 HENZE, Miguel, Fontes de tensão por comutação reguladas. Uma contribuição ao seu estudo. S.J.Campos, ITA, 1969

TR7 MAHAPATRA, K. C. Generalized theory of pulse - width modulated d.c. voltage regulator. I. Performance analysis. Int. J. Electronics. G.B. 37(3):381 - 396,1974

TR8 MAHAPATRA, K. C. Generalized theory of
pulse - width modulated d.c.voltage
regulator. II. Compensation techniques.
Int.J.Electronics.G.B.37(3)397-407,1974

TR9 OLLA, Robert S.Switching regulators:
the efficient way to power.Electronics,USA,
46 (17) : 91 - 95, August 16,1973

TR10 PETERSON, Ronald B.Switch Mode Power
Supplies - A New Approach for Consumer Audio
Systems. IEEE. Trans. Broadcast & Telev.
Receivers, USA, BTR - 19 (4) : 263 - 268 ,
November 1973

B-Estudo de fontes por comutação a tiristor

1.Vantagens da fonte por comutação a tiristor

A principal vantagem do uso de tiristores para a regulação de fonte D.C. é que a potência dissipada no tiristor é muito menor que a dissipada no transistor porque o tiristor está cortado ou em profunda condução.

Verificamos também que a fonte por comutação a tiristor, devida a sua boa regulação de linha, permite o funcionamento em redes de $110v_{rms}$ — $127v_{rms}$ — $220v_{rms}$ sem a necessidade de dobrador de tensão ou qualquer outro processo de transformação de tensão.

2.Escolha do tipo de controle

A potência entregue a uma carga pode ser regulada usando retificadores controlados de silicio por uma configuração de controle de fase ou de ciclo integral. Com o primeiro o atraso de transporte não excede 8,3 ms. Com o controle de ciclo integral, o atraso de transporte, uma função da freqüência base, nunca é menor que 8,3 ms.

O atraso de transporte é significante dependendo da carga e suas constantes de tempo térmicas.

No sistema com controle de fase, a potência é fornecida à carga a cada semiciclo (no sistema típico de fase única) . Devido à frequência à qual a potência é fornecida, este controle é aplicável a cargas com pequenas constantes de tempo térmicas.

A interferência de radio frequência é uma função dos parâmetros da carga. Alta indutância apresenta uma baixa taxa de elevação de corrente e diminui a quantidade de IRF gerada. O tempo de resposta do sistema, independente do atraso de transporte normal, é limitado somente pelos tempos de comutação dos transistores nos circuitos de controle e realimentação.

O controle de fase usa as propriedades de comutação do SCR. A maior vantagem do controle de ciclo integral é a ausência da

IRF gerada. O SCR é ligado somente à tensão zero, de modo que a corrente na carga é sempre um número inteiro de ondas senoidais. O controle é conseguido pela adição ou subtração de um número inteiro de ciclos senoidais do periodo base (um número predeterminado de ciclos de 60HZ).

A suavidade do controle é uma função do número de ciclos de potência entregue no periodo base. Controle grosseiro é obtido com um número pequeno (p.ex, 10) desde que a potência na carga possa ser variada em 10% dos passos.

Isto apresenta um nível de controle o qual satisfaz os requisitos de muitos sistemas. A razão do número de ciclos entregue para o número total de ciclos possíveis no período base é o ciclo de trabalho. O controle de ciclo integral usa as propriedades de condução do SCR.

3.Circuitos básicos de fontes por comutação a tiristor com circuito de controle por angulo de fase

Existem várias formas de controle de fase com tiristor, serão estudados controle em meia-onda; controle em onda completa com um tiristor; controle em onda completa com dois tiristores.

Circuito básico em meia-onda:

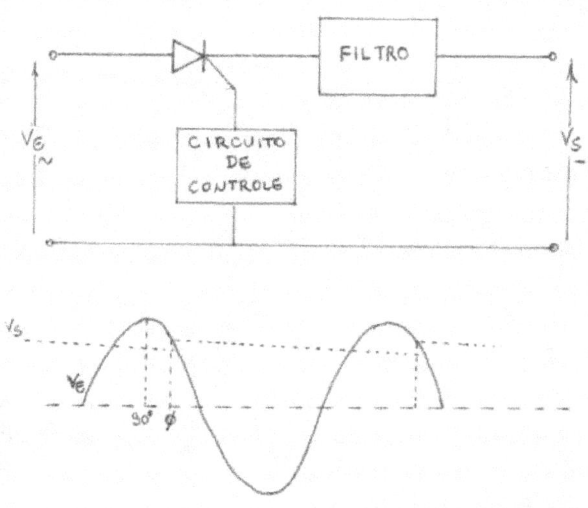

Em um circuito retificador meia-onda comum, com um capacitor de entrada de filtro, o diodo conduz sempre que a tensão de entrada V ultrapassa a tensão de saída. O máximo da tensão de saida é aproximadamente igual ao pico da tensão de entrada (menos as perdas na impedancia série de entrada e na filtragem) já que o diodo sempre entra em condução antes dos 90 graus da onda senoidal de entrada.

Se o diodo é substituido por um S.C.R., como na figura, o angulo de disparo pode ser controlado pelo circuito que apresente os pulsos do gatilho nos instantes devidos. Disparando-se o SCR após 90°, quando V_e está decrescendo em amplitude, o máximo da saida será aproximadamente igual a amplitude instantânea de V_e no instante do disparo. Ajustando-se o angulo de disparo, V_s pode ser feita independente do pico de Ve. O angulo de disparo deve ser ajustado de modo a compensar variações na tensão de saida V_s devido a variações na carga. A figura apresenta o diagrama de blocos para o sistema. A análise do controle de fase em meia-onda para cargas resistiva, indutiva ou capacitiva é feita na referencia: Characteristics for half-wave rectifier circuits. H.A.ENGE – ELECTRONIC ENGINEERING – September 1956 – Page 401

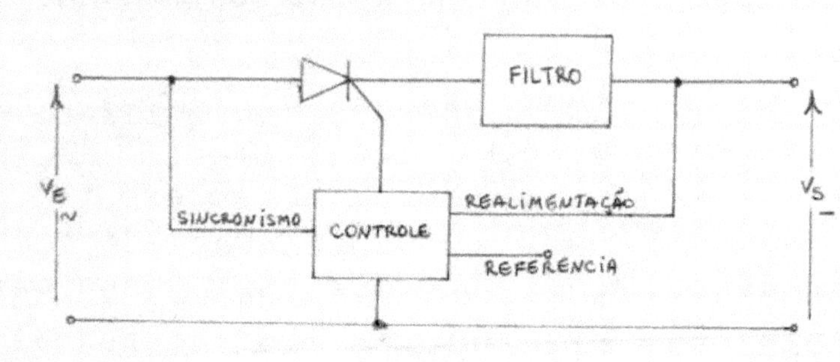

E para cargas resistivas somente, temos gráficos apresentados à página 233 do manual de SCR da G.E. – 5ª edição.

Circuito básico em onda completa a dois SCR

Neste caso utiliza-se a configuração onda-completa em ponte onde dois dos diodos são controláveis.

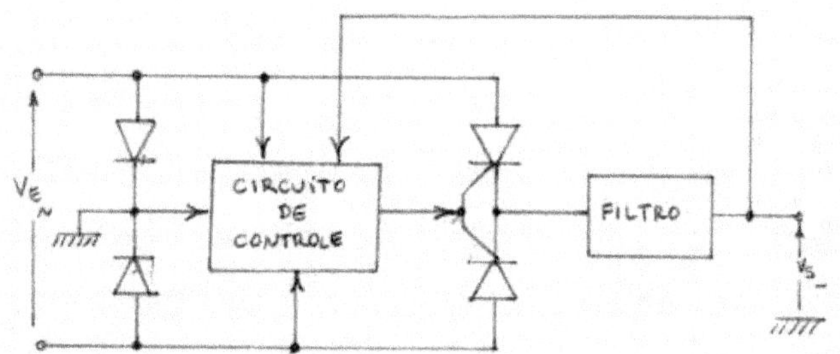

Nesta configuração utiliza-se o catodo comum de modo a usar somente pulsos em um sentido, tornando o circuito de controle mais economico.

Circuito básico em onda completa a um SCR

Neste caso aplica-se a onda de entrada retificada em onda completa ao anodo do SCR.

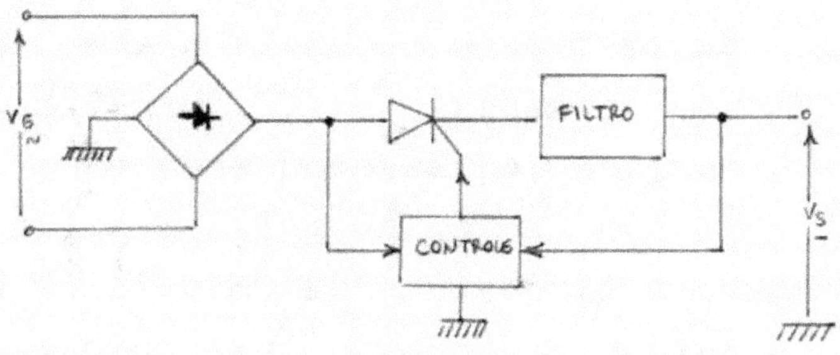

A análise do controle de fase em onda completa é feita através de gráficos na página 234 do manual de SCR da G.E. 5ª edição.

4.Circuito de controle-requisitos básicos

O circuito de controle deve ser capaz de fornecer um pulso positivo de curta duração suficiente para disparar o tiristor a um angulo de fase apropriado do ciclo da tensão de linha. Se desejamos disparar confiavelmente o SCR, o circuito de disparo usado deve fornecer um pulso de duração e amplitude suficientes de modo a atingir os requisitos do SCR.

Vários circuitos transistorizados podem ser usados para a produção destes pulsos, e podem ser divididos em 5 categorias (Ref. T.I.7):amplificadores de pulso; circuitos monoestáveis; circuitos biestáveis; osciladores de bloqueio sincronizados; e não sincronizados.

A escolha do circuito de disparo do SCR dependerá dos níveis de tensão e corrente da entrada do circuito de controle e da duração do pulso de saída do mesmo.

Um amplificador de pulso pode ser usado para gatilhar um SCR, quando um pulso de pequena amplitude é disponível e é necessário usar a borda dianteira deste pulso, após amplificação por um transistor simples, para o disparo do SCR. As vezes é necessário aumentar a duração de um pulso disponível de modo a torná-lo apropriado ao disparo do SCR. Isto é adotado particularmente quando se usam cargas indutivas. Um circuito apropriado para atingir estes requisitos é o circuito monoestável. O circuito biestável (em particular, o disparador SCHMITT) é apropriado para aplicações onde o nível de disparo deve ser predeterminado, mas onde o nível ao qual o sinal de porta é removido pode ser indefinido. Este circuito é apropriado para qualquer aplicação onde seja necessário gatilhar o SCR quando uma tensão específica é atingida por um sinal de entrada dente de serra. Ele é particularmente apropriado para circuitos de controle de fase onde seja necessário manter a tensão de disparo de porta até o fim do periodo de condução. Os osciladores de bloqueio gatilhados são úteis quando se dispõe de um pulso de duração e potência insuficientes para comandar o SCR, e deseja-se transformar este pulso em um pulso conveniente ao disparo. Este circuito dispara a níveis de corrente muito baixos e fornecem um pulso de saída apropriado com duração constante.

Osciladores de bloqueio em marcha livre fornecem um trem de pulsos de gatilho de amplitude e freqüência conhecidas. Este circuito é apropriado para disparar um único SCR em conversores DC-AC ou DC-DC.

Quando a fonte é ligada, a tensão de saída é zero. O circuito de controle disparará o tiristor muito cedo no ciclo da linha num esforço para atingir a tensão de saída correta. Então correntes elevadas podem fluir e devem ser limitadas por um choque de entrada e uma resistência serie. Se o choque é de núcleo de ferro este saturará de modo que no instante de ligar a fonte, a corrente de surto é aproximadamente:

(pico de tensão de linha)/(resistência do choque + resistência em serie + resistência de fonte de linha)

A resistência em série não pode ser muito grande para não afetar a regulação da fonte, um termistor (resistor de coeficiente de temperatura negativo)poderia ser incluído para limitar a corrente de surto, mas de preferencia o circuito de controle deveria conter um arranjo de "partida suave" o qual, ao ligar, atrase o ponto de disparo do tiristor o suficiente , para que a corrente de surto seja eliminada. O circuito de partida suave poderia ser projetado de modo a se recuperar rápidamente após o desligar prevenindo assim a condição de "ligação a quente".

Esta condição ocorre quando a fonte é desligada e imediatamente ligada novamente. O termistor obviamente não oferece proteção contra "ligações a quente".

É difícil definir fontes de alimentação a tiristor em termos de um único ganho de malha, resposta em freqüência, e assim por diante. Mas falando em sentido amplo, o ganho de malha deve cair a uma taxa de no mínimo 60dB/década, na região próxima à freqüência de operação (que será a da linha caso de meia-onda, ou o dobro caso de onda-completa), devido a três fatores principais que reduzem o ganho a "altas" freqüências.

1. A freqüência de excitação do circuito

2. A constante de tempo do filtro de saída

3. A constante de tempo associada com a parte de tempo do circuito de disparo.

Assim o ganho, na região de freqüência aproximadamente 10 vezes menor que a freqüência de excitação do circuito, deve ser limitado de modo a impedir que o circuito oscile nesta freqüência, ou tenha uma resposta transitória oscilatória.

Na prática é improvável que uma fonte de alimentação a tiristor contenha componentes que tenham um efeito dependente de freqüências 10 vezes abaixo que a freqüência de excitação. O resultado disto é que o ganho de malha D.C. da fonte terá um efeito direto na resposta transitória do circuito.

Um ganho de malha D.C. insuficiente, resulta em controle insuficiente da tensão de saída contra variações na tensão de linha e corrente de saída. Deste modo, um circuito de controle deveria incorporar um caminho direto de alimentação da tensão de linha como compensação (fora da malha de controle), e realimentação tanto de corrente como de tensão de saída.

O efeito total da aplicação de um caminho direto da tensão de linha e realimentação de corrente é que o ganho de malha D.C. pode ser diminuído para um dado grau de controle contra variações na tensão de linha e corrente de saída. Isto imediatamente melhora a resposta transitória.

Uma desvantagem da aplicação de muita compensação via tensão de linha, além de dar uma tensão de saída decrescente para tensões de linha crescentes, é que "MAINS- BOUNCE" é amplificado. Esta é uma modulação em fase da tensão de linha em freqüência muito baixa, a qual é observada geralmente ao final da tarde quando as fabricas fecham.

Muita compensação pela tensão de linha resulta em perturbações "MAINS-BOUNCE" aparecendo na saída.

Finalmente, devemos ter considerações quanto ao coeficiente de temperatura do circuito de controle devido a ampla faixa de temperaturas que se encontra dentro de um gabinete de um receptor de televisão.

5.Circuitos práticos experimentados

Neste capítulo são relatadas as experiências que foram levadas a efeito durante o estágio. Acompanhando cada uma delas estão considerações teóricas básicas a partir das quais foi possível se extrair o conhecimento necessário ao desenvolvimento de experiências subsequentes.

Como condição inicial encontramos a necessidade de termos um circuito que apresentasse aproximadamente o mesmo desempenho satisfatório em toda a faixa de operação de tensões de rede encontradas no Brasil, a saber 110 – 127 – 220 V_{rms}

Em função disto a primeira idéia foi a utilização de um dobrador de tensão (Fig. 5.1) onde temos um capacitor C_1, e um diodo restaurador D.C. D_1.

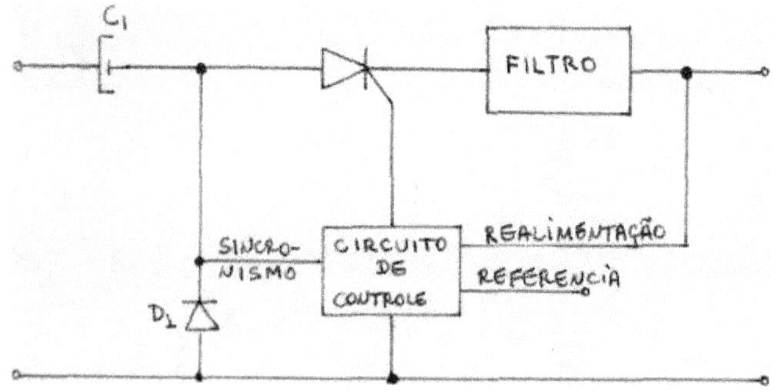

Fig. 5.1. Configuração dobradora de tensão aplioada a um circuito básico em meia-onda

Utilizando-se um circuito de controle conveniente, uma única chave pode ser incluída para desconectar C_1 e D_1 no circuito. Isto possibilita que o mesmo circuito seja usado em 110v ou 220v de rede. Com uma regulação razoável quanto à tensão de entra da conseguimos um funcionamento em 127v de rede.

a) Fonte por comutação a SCR, em meia onda, com circuito de controle na configuração A

O primeiro tipo de fonte a ser experimentado foi a configuração em meia-onda.

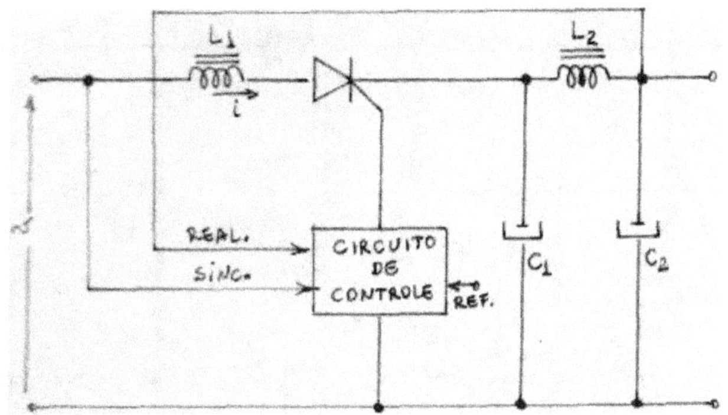

Fig.5.2 Fonte de alimentação a SCR em meia-onda

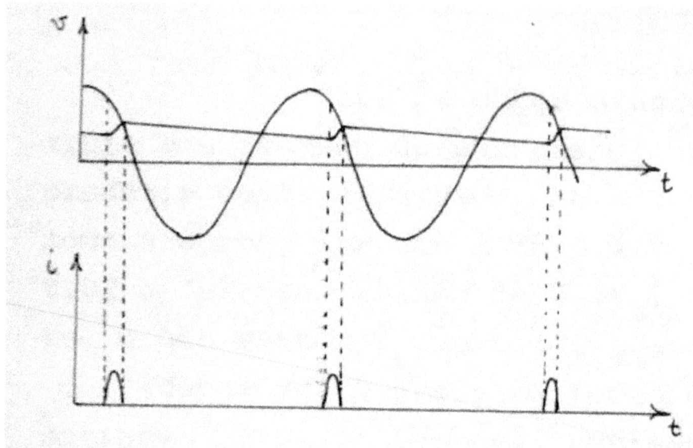

Fig.5.3 Formas de onda de tensão e corrente

Considere o circuito da Fig.5.2 e as formas de onda da Fig.5.3 a forma de onda sobre o capacitor C_1, será um dente de serra, a corrente somente flui pelo tiristor por alguns milisegundos entre o instante em que a tensão de linha passa pelo pico positivo e o instante em que passa por zero. Em uma aproximação de primeira ordem a corrente que flui pelo tiristor será um semiciclo de senóide. Na prática, contudo, a forma de onda de corrente também conterá uma componente de decaimento exponencial causada pela resistencia (não intencional) em série com o choque L_1, (em parte pela resistência própria do choque, da ordem de $0,5\Omega$, e em parte pela resistência de fonte da rede, da ordem de 1Ω); a forma de onda de corrente também conterá uma pequena componente na frequência de rede.

O filtro escolhido foi uma célula CLC composta por um capacitor armazendor C_1 e um circuito passa baixas L_2 C_2. A vantagem de se utilizar um indutor L_2 ao invés de um resistor é principalmente devida à melhor eficiência pois praticamente não se dissipa energia no filtro.

O circuito básico de controle utilizado é apresentado a seguir (Fig. 5.4.)

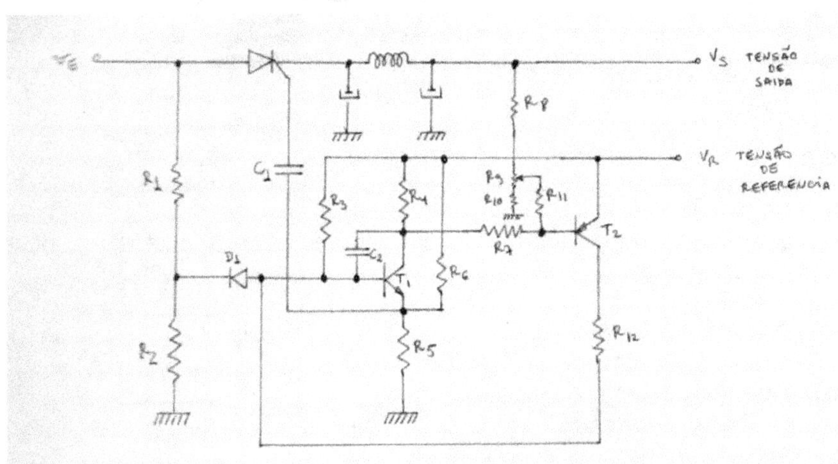

Fig.5.4 Circuito básico de controle

Para se obter sincronismo entre o circuito de controle e a tensão de entrada V_e , escolhe-se R_1 e R_2 de modo a produzir cerca de 0,02 V_e na sua junção. Escolhe-se R_5 e R_6 de modo a apresentar cerca de 0,1 V_r no emissor de T_1. Sempre que $0,02$ V_e estiver abaixo de $0,1V_r$, D_1 estará polarizado diretamente, o que mantêm T_1 cortado. Quando $0,02V_e$ crescer acima de $0,1V_r$ (cerca de 80 graus na forma de onda senoidal da tensão de entrada) D_1 se tornará inversamente polarizado e um degrau positivo de tensão, V_r , será aplicado à base de T_1 via R_3. Note que T_1, C_2 e R_3 formam a configuração de varredura Miller padrão onde a velocidade de varredura da rampa de tensão no coletor é dada por $(V_r - V_B)/(R_3\ C_2)$ onde V_B é a tensão D.C. na base de T_1 durante a varredura.

Isto pode ser demonstrado se assumirmos que a impedância de entrada de T_1, na Fig. 5.4. é muito alta e que a tensão V_B na base de T_1 é constante. A corrente por R_3 será então constante e igual a $(V_r - V_B)/R_3$.

Desde que T_1 tenha uma impedância de entrada elevada, a maior parte desta corrente fluirá por C_2.

A tensão sobre C_2 é dada por:

$$v_{C_2} = \frac{1}{C_2} \int_0^t I\ dt + K$$

I é igual a $(V_r-V_B)/R_3$, uma constante. A tensão inicial, K, sobre C_2, com a polaridade indicada na Fig. 5.5. é V_B-V_r.

(Quando T_1 está cortado a tensão de coletor é V_r)

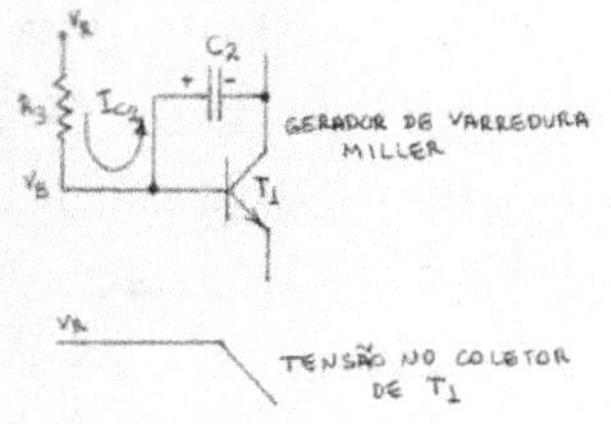

$$v_{c_2} = \frac{1}{C_2} \int_0^t \frac{V_R - V_B}{R_3}\, dt + V_B - V_R$$

$$v_{c_2} = \frac{V_R - V_B}{R_3 C_2}\, t + V_B - V_R$$

Fig. 5.5.

A tensão no coletor de T_1 é: $V_{col} = V_B - V_{c_2} = V_B - \frac{(V_r - V_B)}{R_3 C_2}\, t - V_B - V_r$

$$\therefore\ V_{col} = V_r - \frac{(V_r - V_B)\, t}{R_3 C_2}$$

Esta expressão representa uma rampa linear de coeficiente negativo representando uma velocidade de varredura igual a $(V_r - V_B)/(R_3\ C_2)$. Esta rampa esta em sincronismo com V_e como resultado da ação de D_1

Os resistores $R_7, R_8, R_9, R_{10}, R_{11}$ formam um circuito divisor de tensão entre V_s e a rampa no coletor de T_1. Quando a tensão resultante deste divisor, à base de T_2 , cair para Vr – $0,7v$ (Supondo T_2 um transistor de silício) T_2 sai do corte e inicia a condução. T_1 e T_2 formam um multivibrador biestável já que a saída de cada um está acoplada à entrada do outro. Quando T_2 inicia a condução, o multivibrador muda para seu outro estado estável que é ambos os transistores saturados. Quando T_2 saturar, a tensão em seu coletor sobe de cerca de 0,1 V_r para cerca de V_r volts. Este pulso é acoplado à base de T_1 via divisor de tensão R_5–R_{11} (T_1 está saturado) esta razão de divisão determina a amplitude do pulso positivo que aparece no emissor de T_1. Este pulso é acoplado via C_1 para disparar o S.C.R.. O multivibrador retornará ao seu outro estado estável quando 0,02 V_e cair abaixo de 0,1 V_r e D_1 conduzir, o que polariza T_1 no corte. Veja forma de onda de coletor de T_1 na Fig.5.6.

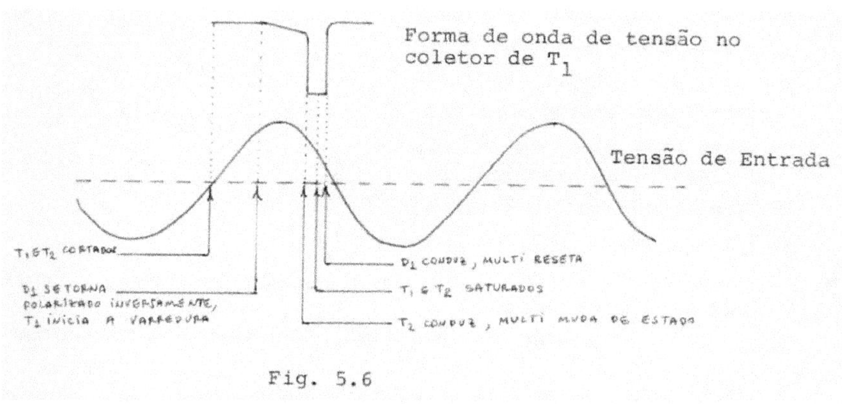

Fig. 5.6

Pode-se ver que o instante no qual T_2 conduz (e o S.C.R. é disparado) é controlado por uma amostra de V_s na base de T_2. Em outras palavras, o angulo de disparo do S.C.R. é controlado pela realimentação D.C.. Se V_s está pouco baixa, o circuito divisor entre V_s e a rampa no coletor de T_1 fará com que a base de T2 atinja V_r – 0,7 volts um pouco mais cedo, fazendo com que o S.C.R. conduza antes, o que consequentemente eleva V_s. Inversamente, se V_s é muito alta, o S.C.R. conduzirá mais tarde no semiciclo da rede, reduzindo V_s .

A regulação de carga e de linha de qualquer regulador realimentado é em primeiro lugar uma função de seu ganho de malha. Neste regulador, o ganho de malha (ou sensitividade) é afetado principalmente por dois fatores; a inclinação da rampa no cole tor de T_1, e o angulo de disparo do S.C.R. Na fig. 5.7., rampas de duas inclinações diferentes I_1 e I_2 são representadas. Para melhor compreensão, I_2 é muito maior que I_1. Uma variação em V_s amostrada e vista no coletor de T_1 resultará em uma variação no angulo de disparo como explicado anteriormente.

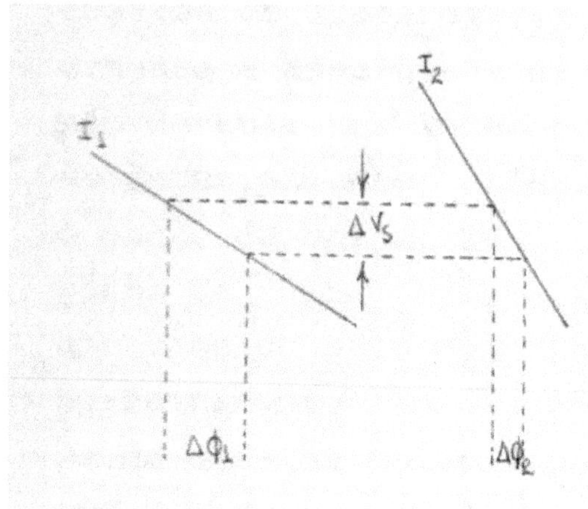

Fig.5.7. Rampa no Coletor de T_1

Da Fig.5.7. pode-se observar que um dado ΔV_s amostrado e aplicado a ambas as rampas produzirá uma mudança muito maior no angulo de disparo, $\Delta\Phi_1$, na rampa com inclinação I_1. Isto significa que um gerador de pulsos com inclinação I_1 de rampa será mais sensitivo (terá maior ganho de malha e melhor regulação) do que com inclinação I_2 de rampa.

O ganho de malha do sistema diminui com o aumento da inclinação da rampa.

Na Fig.5.8. apresenta-se a forma de onda de V_e, onde V_{s1} requer um angulo de disparo $\Phi1$ e V_{s2} requer um angulo de disparo $\Phi2$. Se um dado ΔV_s ocorre tanto para o angulo de disparo $\Phi1$, como $\Phi2$, a variação no angulo de disparo necessária para compensar essa variação é $\Delta\Phi1$ e $\Delta\Phi2$ respectivamente.

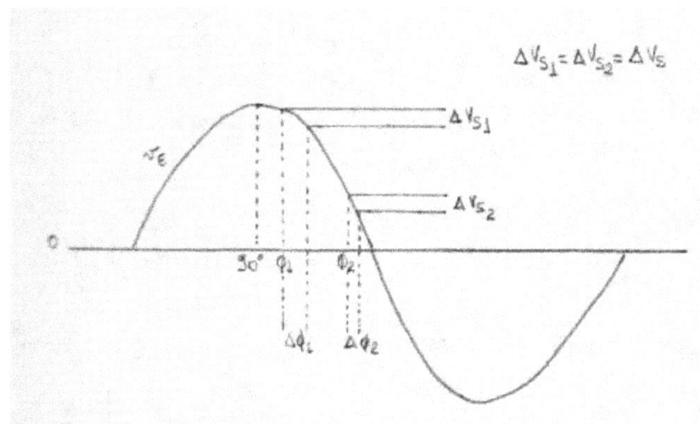

Fig. 5.8. Forma de onda de V_e

Para o angulo de disparo Φ_1, uma variação muito maior no angulo de disparo ($\Delta\Phi_1$) é necessária para produzir a mesma compensação ΔV_s do que para Φ_2.

Variações em V_s a Φ_2 necessitam de um deslocamento muito menor no angulo de disparo $\Delta\Phi_2$ para compensar; deste modo, o sistema é mais sensitivo (maior ganho de malha e melhor regulação) em $\Phi2$. O ganho de malha aumenta com o aumento do angulo de disparo, de 90° a 180°.

Este ganho de malha aumenta em tal intensidade que escolhendo-se C_5 (vide Fig.5.10) para se obter amortecimento crítico a ângulos de disparo tardios resulta em tremendo sobreamortecimento a ângulos de disparo em torno de 90°. Idealmente, o ganho deveria ser independente do angulo de disparo. Como mostrado anteriormente, a inclinação da rampa de coletor de T_1 afeta o ganho de malha. Se a inclinação da rampa vai aumentando, o ganho de malha tenderá a diminuir, anulando o aumento no ganho causado pelo aumento no angulo de disparo. Para um ganho perfeitamente linear, com relação ao angulo de disparo, a forma de onda de coletor de T_1 deveria ser senoidal e em fase com V_e. Uma forma de onda parabólica é uma aproximação suficiente para tornar o ganho sensivelmente linear. Da observação da figura 5.5. podemos ver que o gerador de varredura Miller é na realidade um integrador, integrando o degrau de tensão, V_r aplicado à base de T_1 e produzindo uma rampa no coletor de T_1. Integrando-se o degrau duas vezes produzir-se-á uma parábola. O circuito da Fig. 5.9 produz uma parábola de coeficiente negativo no coletor de T_1.

Supondo que a impedancia de entrada de T_1 é muito alta e que V_B permanece relativamente constante:

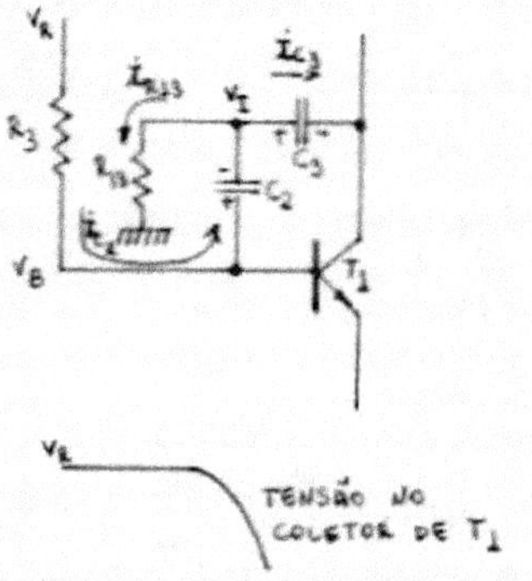

Fig.5.9 Duplo Integrador
     Miller

$$I_{C_2} = \frac{V_R - V_B}{R_3} \text{ , constante}$$

$$v_{C_2} = \frac{1}{C_2} \int_0^t I_{C_2}\, dt + K$$

$$v_{C_2} = \frac{1}{C_2} \int_0^t \frac{V_R - V_B}{R_3}\, dt + V_B$$

$$v_{C_2} = \frac{V_R - V_B}{R_3 C_2} t + V_B$$

$$v_I = V_B - v_{C_2}$$

$$v_I = V_B - \frac{(V_R - V_B)t}{R_3 C_2} - V_B \quad \Rightarrow \quad v_I = -\frac{(V_R - V_B)t}{R_3 C_2}$$

$$i_{R_{13}} = \frac{v_I}{R_{13}} = -\frac{(V_R - V_B)t}{R_3 C_2 R_{13}}$$

$$i_{C_3} = i_{C_2} - i_{R_{13}} \quad \Rightarrow \quad i_{C_3} = \frac{(V_R - V_B)}{R_3} + \frac{(V_R - V_B)t}{R_3 C_2 R_{13}}$$

$$v_{C_3} = \frac{1}{C_3} \int_0^t i_{C_3}\, dt + K$$

$$v_{C_3} = \frac{1}{C_3} \int_0^t \left[\frac{(V_R - V_B)}{R_3} + \frac{(V_R - V_B)}{R_3 C_2 R_{13}} t \right] dt - V_R$$

$$v_{C_3} = \frac{1}{C_3} \int_0^t \frac{(V_R - V_B)}{R_3}\, dt + \frac{1}{C_3} \int_0^t \frac{(V_R - V_B)}{R_3 C_2 R_{13}} t\, dt - V_R$$

$$v_{C_3} = \frac{(V_R - V_B)}{R_3 C_3} \int_0^t dt + \frac{(V_R - V_B)}{R_3 C_2 C_3 R_{13}} \int_0^t t\, dt - V_R$$

$$v_{C_3} = \frac{(V_R - V_B)}{R_3 C_3} t + \frac{(V_R - V_B)}{2 R_3 C_2 C_3 R_{13}} t^2 - V_R$$

$$v_{COL} = v_I - v_{C_3}$$

$$v_{COL} = V_R - \frac{(V_R - V_B)}{R_3 C_2} t - \frac{(V_R - V_B)}{R_3 C_3} t - \frac{(V_R - V_B) t^2}{2 R_3 C_2 C_3 R_{13}}$$

Esta forma de onda de coletor de T_1 torna o ganho de malha do sistema relativamente independente do angulo de disparo. O sobre amortecimento a ângulos em torno de 90° é prevenido, o que poderia produzir resposta transitória pobre. Outros componentes foram adicionados para operação apropriada.

C_4 é um capacitor de comutação o qual reduz o tempo de comutação do multivibrador.

D_3 é necessário para dar partida ao sistema quando V_e é aplicado pela primeira vez. Ao aplicar V_e, V_s será zero, D_2 conduzirá e manterá o cursor de R_9 à V_r.

Isto impede que T_2 sature até que T_1 inicie a condução. Se D_2 não estiver no circuito, T2 ficaria saturado o tempo todo, e o multivibrador não mudaria de estado.

C_5 como mencionado anteriormente, fornece amortecimento ao sistema. R_{14} é necessário para impedir que o SCR possa disparar sem corrente de porta quando a aplicação de tensão no anodo for muito brusca. R_{14} reduz a sensibilidade ao efeito de velocidade (dv/dt). C_8 visa reduzir a interferência provocada pela comutação do S.C.R.

O circuito completo experimentado foi o da figura 5.10.

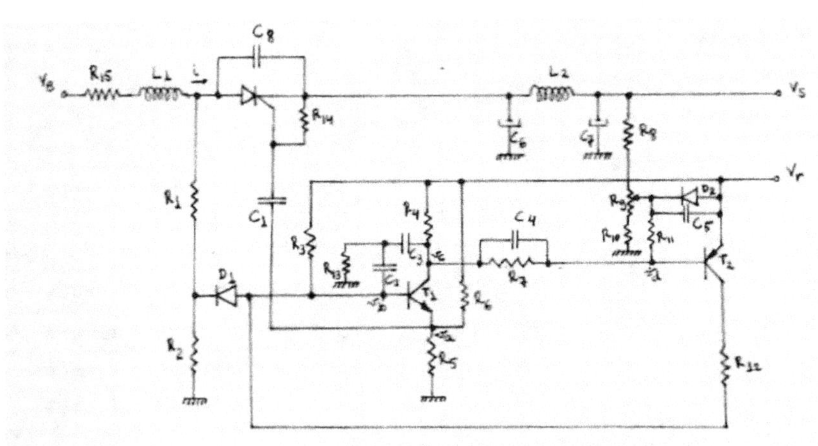

Figura 5.10 Fonte a S.C.R. em meia onda com circuito de controle na Configuração A.

V_e=125V_{rms} V_s=120V_{dc} R_{carga}=222Ω Vr=20v.(fonte externa)

Resistores

(@   1/4w exceto especificação contrária)

R_1	56KΩ @ 1/2 w
R_2	1 KΩ
R_3	820KΩ
R_4	6,8 KΩ
R_5	1 KΩ
R_6	10 KΩ
R_7	100 KΩ
R_8	160 KΩ
R_9	15 KΩ (TRIMPOT)
R_{10}	2 8,7KΩ
R_{11}	1 2 KΩ
R_{12}	3,3 KΩ
R_{13}	9,1 KΩ
R_{14}	1 KΩ (VER TEXTO)
R_{15}	5 Ω @ 15 W
R_{16}	VER TEXTO

Capacitores

(@ 250v exceto especificação contrária)

C_1	0,047 μF
C_2	0,022 μF
C_3	0,22 μF
C_4	0,022 μF
C_5	22 μF @ 10V
C_6	400 μF @ 175V
C_7	400 μF @ 150V
C_8	0,01 μF

Indutores

L_1	1 m H
L_2	380 m H

Diodos		*Transistores*		*SCR*
D_1	SD-12	T_1	TV 65	
D_2	SD-12	T_2	HR 71	C 107

Verificou-se experimentalmente que abaixo de 105 volts a fonte perdia a regulação, sendo que a frequencia de condução do SCR caia a 30Hz, embora o circuito de controle apresentasse os pulsos de gatilho ainda com a frequencia de linha.

Os pulsos de gatilho que não disparavam o SCR tinham uma largura dependente das constantes de tempo do circuito:

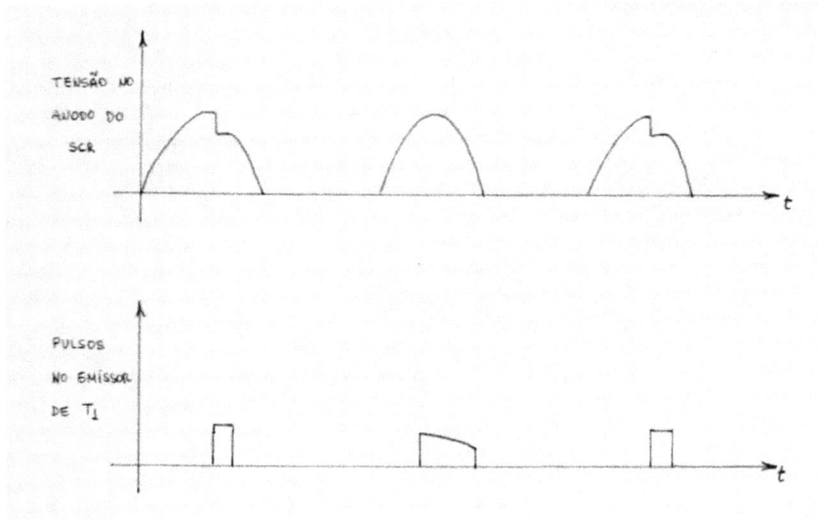

Constatou-se que o fenomeno se apresentava porque o pulso que não disparava o SCR, ocorria antes que a tensão de catodo do SCR estivesse baixa o suficiente para que a tensão anodo-catodo fosse positiva. A solução encontrada foi compensar o acoplamento do tipo passa-altas, através do resistor R_{16} paralelo a C_1; utilizou-se netão um acoplamento com os seguintes valores

R14 = 10KΩ @ 1/4W

R16 = 470KΩ @1/4W

C1 = 0,047μF @ 250V

Formas de onda

Segue-se as formas de onda nos pontos
indicados no circuito completo, para as
seguuintes condições de funcionamento:

$V_e = 125V \quad V_s = 120V \quad R_1 = 222\Omega \quad V_c = 20V$

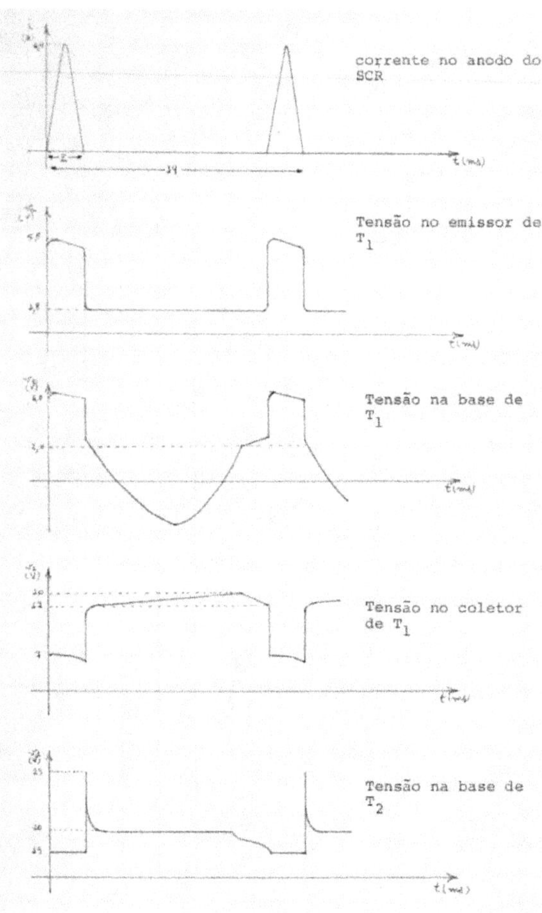

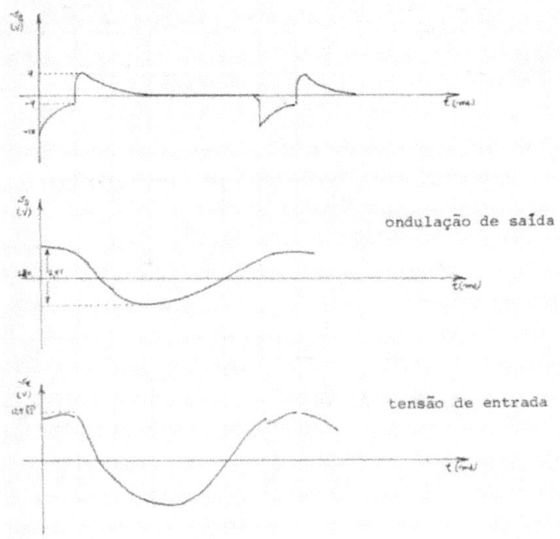

Vantagens e desvantagens da fonte em meia onda

Este tipo de fonte apresenta a desvantagem de especificação de pico de tensão inversa do SCR muito alta; na prática esta é igual à tensão média sobre C6 mais o pico negativo da tensão de linha mais o pior caso de impulsos negativos ("spike") da linha.

Contudo, tal fonte é simples e barata, com boa resposta transitória e excelente regulação para tensões de entrada e correntes de saída.

b) Fonte por comutação a 2 SCRs, em onda completa, com controle na configuração A

O uso de dois diodos e dois retificadores controlados, em configuração ponte, apresenta as seguintes vantagens:

1. Redução das especificações de tensão inversa do SCR
2. Operação em 120 Hz, reduzindo as especificações do filtro de saída.

Diagrama de Blocos:

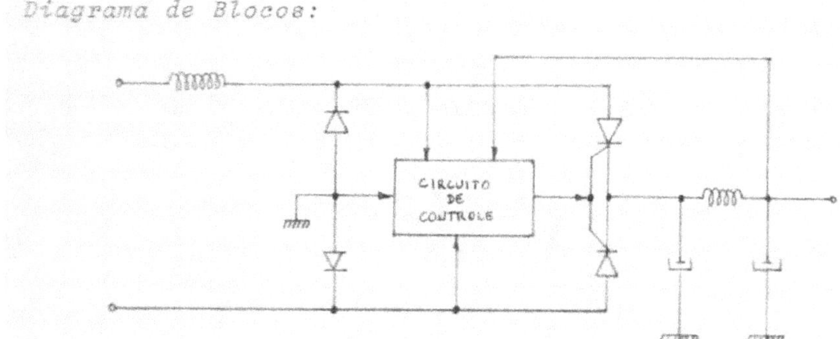

A fonte com o diagrama de blocos acima foi experimentada fazendo-se uso do mesmo circuito de controle da fonte anterior, ou seja, o circuito de controle na Configuração A.

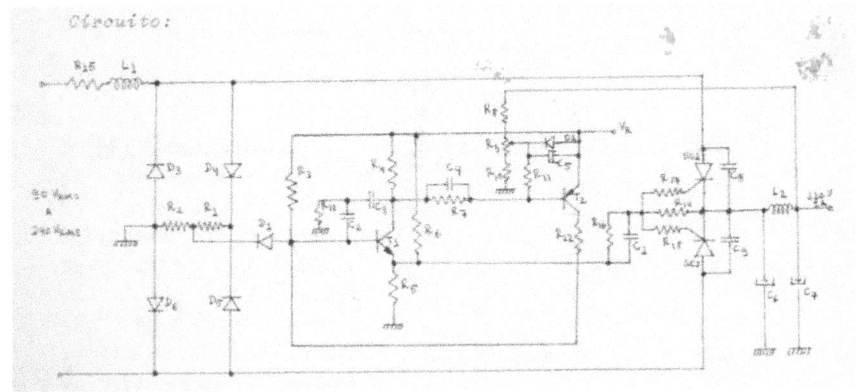

O funcionamento é basicamente o mesmo da fonte de alimentação comutada em meia onda apresentada anteriormente.

Foi necessário recalcular os valores dos componentes para que houvesse um funcionamento correto.

O calculo baseou-se nos seguintes tópicos:

a. O circuito de controle deve funcionar como biestável sendo um estado estável T_1 e T_2 cortados e o outro estado T_1 e T_2 saturados. O ganho de malha do multivibrador deve ser maior que a unidade.

b. A constante de tempo do conjunto entre base e coletor de T_1, deve ser suficientemente baixa de modo que quando T_1 corte, a tensão de coletor atinja V_r rapidamente dando condição de que a rampa se inicie quando T_1 começar a conduzir.

c. O estado inicial do multivibrador deve ser T_1 e T_2 cortados, caso contrario não haverá mudança de estado.

d. Deve-se verificar paralelamente ao Tópico b, se é satisfeita a condição de inclinação da rampa, suficiente para que haja regulação na faixa de tensões de saída de trabalho.

e. Além disso, devem ser observadas as especificações dos transistores e as condições de disparo do SCR, i.é., corrente e tensão de porta.

Chegamos então aos seguintes valores:

Resistores
(@ 1/4W, EXCETO SE ESPECIFICADO)

R1	33 KΩ @ 3W	R11	12 KΩ
R2	1,5 KΩ @ 1/2W	R12 -	5,6 KΩ
R3	120 KΩ	R13	3,3 KΩ
R4	6,8 KΩ	R14	10 KΩ
R5	1,2 KΩ	R15	5Ω @ 10W
R6	8,2 KΩ	R16	470 KΩ
R7	100 KΩ	R17	10Ω @ 1/2W
R8	160 KΩ @ 1/2W	R18	10Ω @ 1/2W
R9	15 KΩ (TRIMPOT)		
R10	28,7 KΩ @ 1/2W		

Capacitores
(@ 250V, EXCETO SE ESPECIFICADO)

C1	0,047 µF
C2	0,022 µF
C3	0,047 µF
C4	0,022 µF
C5	22 µF @ 25V
C6	400 µF @ 175V
C7	400 µF @ 150V
C8	0,01 µF
C9	0,01 µF

Diodos

D1, D2,   SD-12
D3, D4, D5, D6   1N4004

Transistores

T1   TV65
T2   HR71

SCR

SC1, SC2 = C107

c)Fonte por comutação a 1 SCR, em onda completa, com controle na configuração A

Esta fonte, cujo Diagrama de blocos é dado abaixo, apresenta as mesmas vantagens da fonte em onda completa com 2 SCR:

1. Redução das especificações de tensão de bloqueio reverso do tiristor.
2. Valores pequenos dos capacitores e indutor de filtro, para uma dada ondulação de saída já que a forma de onda retificada está a 120Hz.

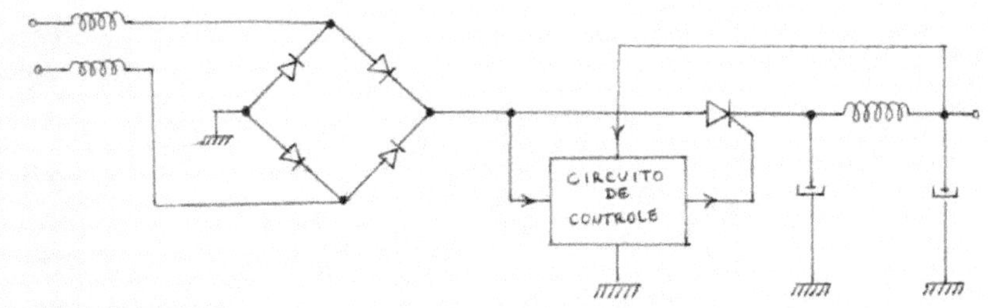

Além do fato de usar um SCR a menos.

O circuito de controle na Configuração A, precisa de uma fonte de referencia de 20 volts, o que até então era feito com uma fonte separada, contudo podemos tirar a referencia do próprio circuito.

O circuito completo experimentado foi:

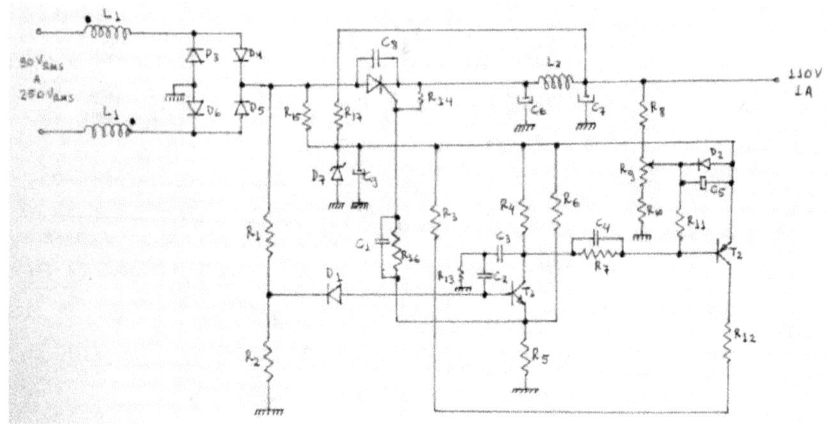

Relação de componentes

Resistores

(@ 1/4W, exceto especificação contrária)

R1	33KΩ @ 3W
R2	1,5KΩ @ 1/2W
R3	820KΩ
R4	6,8KΩ
R5	1,2KΩ
R6	8,2KΩ
R7	100KΩ
R8	160KΩ @ 1/2W
R9	15KΩ (TRIMPOT)
R10	28,7KΩ @ 1/2W
R11	12KΩ
R12	5,6KΩ
R13	9,1KΩ
R14	10KΩ
R15	47KΩ @ 2W
R16	470KΩ
R17	10KΩ @ 2W

Capacitores

(@ 250V, exceto especificação contrária)

C1	0,047µF
C2	0,022µF
C3	0,047µF
C4	0,022µF
C5	22µF @ 25V
C6	400µF @ 175V
C7	400µF @ 150V
C8	0,01µF @ 600V
C9	10µF @ 30V

Indutores

L1	0,25mH POR ENROLAMENTO.
L2	100mH.

Diodos

D1, D2, SD-12
D3, D1, D5, D6 : 1N4004
D7 ZENER DE 20V

Transistores

T1 TV65
T2 HR71

SCR

C107

Verificou-se um bom funcionamento e estabilidade; observando-se uma melhoria na regulação às custas de um aumento na impedância de saída, se a realimentação for tomada antes do filtro de saída.

V_E (V_{RMS})	V_S (V)	
	@$I_S = 0{,}5A$	@$I_S = 1A$
90	111	108
110	113	110
230	114	111

Observou-se a ótima regulação de linha não havendo necessidade de se usar um dobrador de tensão na entrada quando se deseja operar era 220V de linha.

Apesar de tudo, observou-se que a resposta transitória não é boa, de modo que uma variação na carga de 0,5A para 1A a uma tensão de saída de 110 volts produz uma resposta ao degrau com tempo de estabilização de cerca de 110ms a 200ms. Um comportamento análogo observou-se para uma excita-ção degrau na tensão de linha.

Torna-se difícil uma melhoria da resposta transitória do sistema, pois a alteração da dinâmica não é conveniente jã que isto acarretaria em não funcionamento adequado.

Deste modo tentaremos um circuito de controle em outra configuração buscando uma melhor resposta transitória , que para um aparelho de televisão é da ordem de 50ms para o tempo de estabilização.

Como opção primeira escolhemos a fonte em onda completa a um SCR haja vista suas características serem mais vantajosas e econômicas que as outras, conforme já mencionado anteriormente.

d) Fonte por comutação a 1 SCR, em onda completa, com controle na configuração B

A figura abaixo mostra uma fonte com circuito de controle manual com transistor unijunção.

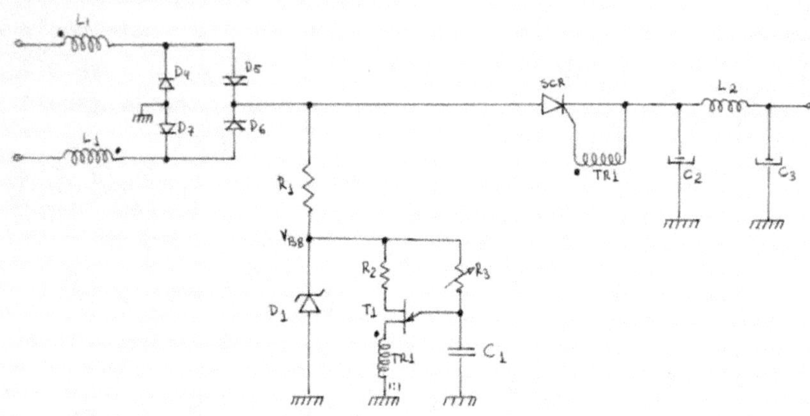

O Diodo Zener grampeia a tensão do circuito de controle em um nível fixo V_{BB}. Desde que a tensão de disparo de emissor do transistor unijunção é uma fração fixa de V_{BB}, o capacitor se carregará exponencialmente em direção à V_{BB} até que sua tensão atinja ηV_{BB}.

A característica de transferencia de R_3 para a tensão média de saída V_s é não linear, conforme nos mostra o exemplo na configuração abaixo.

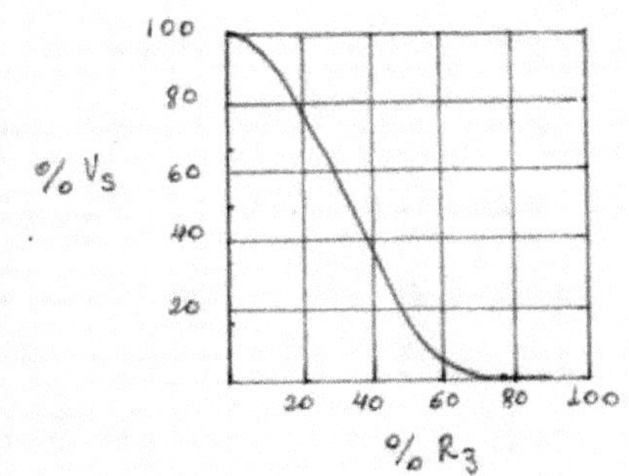

Característica de Transferência

Uma primeira melhoria com relação à linearidade é acrescentar-se um pedestal a partir do qual a função rampa exponencial, de carga do capacitor C_1, tem início. Este é o chamado controle rampa e pedestal.

Contudo esta melhoria na linearidade não é suficiente pois resulta em uma função de transferencia não linear devido à forma de onda de linha ser senoidal.

Um maior ganho e linearidade são obtidos se além do pedestal adicionarmos à rampa uma forma de onda cosenoidal de modo a compensar a forma de onda senoidal da linha, resultando enfim em uma característica de transferência linear mostrada na figura abaixo.

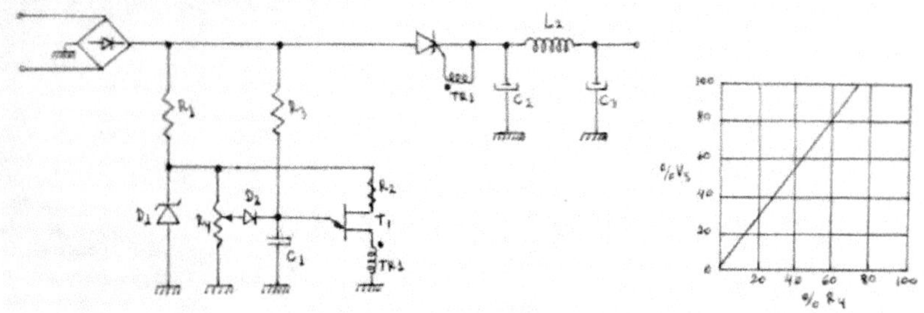

Circuito com pedestal controlado por resistencia com rampa modifi cada por Cosseno

Característica de Transferência

Devemos levar em conta alguns fatores limitantes:

1.A resistência de R_4 deve ser suficientemente baixa de modo a carregar o capacitor C_1 rapidamente, de modo a possibilitar um disparo o mais cedo no ciclo. Este é um fator limitante no nível de impedancia de controle.

2.A característica logarítmica do diodo limita o ganho do controle que pode ser atingido com uma caracteristica de transferência linear razoável.

3.A corrente de disparo de emissor do transistor unijunção deve ser fornecida inteiramente por R_3 e não deve ser maior que um décimo da corrente de carga de C_1, no final do semi-ciclo, de modo a impedir distorção da forma de onda.

4. A impedância do Zener D_1 deve ser baixa de modo a manter o nível de disparo do unijunção constante durante o semi-ciclo.

Podemos tornar a fonte em regulada tornando o pedestal variável segundo variações na tensão de saída.

Tiramos uma amostra da tensão de saída e comparamos com uma tensão de referencia, aplicamos o sinal de erro resultante à entrada de 1 ampliador inversor e somamos a saída ao pedestal.

Temos então, um sistema realimentado garantindo que a saída fique estabilizada.

Circuito experimentado

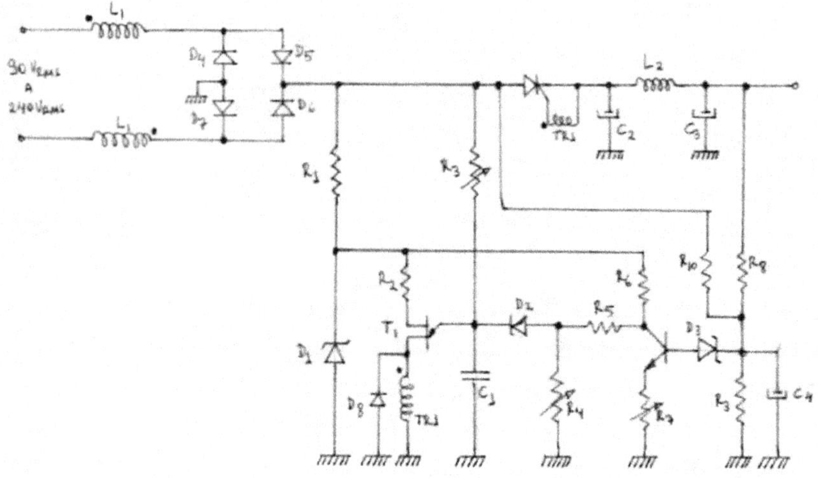

onde introduziu-se componentes como:

D_8 – Diodo amortecedor da oscilação entre TR_1 e C_1 quando da condução do transistor unijunção.

C_4 – Capacitor para previnir instabilidade de funcionamento em determinadas tensões de linha.

R_{10} – Resistor de compensação, através do qual acrescenta-se uma amostra da variação da rede ao sinal amostrado da saída que será comparado.

Relação dos componentes:

Resistores	Capacitores	Diodos
(@ 1/4W a menos de especificação contrária)		

Resistores	Capacitores	Diodos
R1 12KΩ @3W	C1 0,22μF @250V	D1 ZENER 18V
R2 1KΩ	C2 400μF @175V	D2;D8 SD-12
R3 1,5MΩ	C3 400μF @150V	D3 ZENER 6,8V
R4 47KΩ	C4 40μF @10V	D4,5,6,7 : 1N4004
R5 5,6KΩ	**Indutores**	**Transistores**
R6 2,2KΩ	L1 0,25mH/ENROLAMENTO	T1 2N2646 (UJT)
R7 100Ω	L2 100mH	T2 2N3391
R8 120KΩ		
R9 15KΩ		
R10 680KΩ		

SCR: C107

O fato de se introduzir um caminho direto da tensão de entrada para o ponto de comparação, acrescentando sobre C_4 um nível médio proporcional à entrada permitiu que houvesse uma regulação de uma ampla faixa de valores de tensão de linha; essa regulação fica em torno de 5% para uma variação na tensão de linha de 90 V_{rms} a 220 V_{rms}.

A ondulação na tensão de saída é da ordem de 1%.

Pelo fato de que o transistor unijunção é um componente mais caro que o transistor bipolar, procurou-se o equivalente a 2 transistores bipolares.

Encontrou-se então o circuito abaixo.

Com os seguintes parametros:

$$\eta = R_{10}/(R_9+R_{10})$$

$$R_{BB}= R_9+R_{10}$$

$$I_p= V_{be3}/\beta_2 R_{11}$$

Onde o diodo D_2 serve para prevenir que o transisor T_2 entre na região de avalanche quando o emissor estiver a níveis baixos de tensão.

No caso o transistor unijunção usado foi o 2N2046 que apresenta as seguintes características:

$0,68 < \eta < 0,82$

$4,7K\Omega < R_{BB} < 9,1K\Omega$

$I_P = 5\mu A$

Usando-se T_2 : PC 1008

                T_3 : PD 1001

Encontramos os seguintes valores

R_9: $1,5K\Omega$; R_{10}: $5,6K\Omega$; R_{11}: $10K\Omega$

Com o equivalente do unijunção, com a idéia da compensação direta da tensão de entrada e com pequenas modificações chegamos ao circuito de controle na Configuração C apresentado a seguir:

e) Fonte por comutação a 1 SCR, em onda completa, com circuito de controle na configuração C

Com as idéias desenvolvidas durante as experiencias com o circuito de controle na configuração B, chegou-se no seguinte circuito básico.

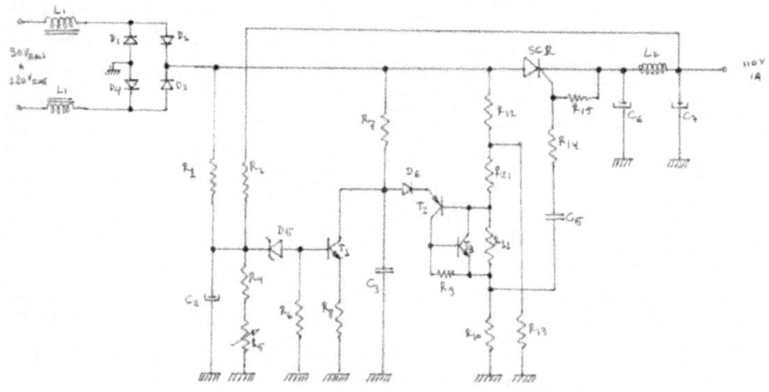

RELAÇÃO DE COMPONENTES:

Resistores

(@ 1/4w a menos de especificação contrária)

R1	180 KΩ	R11	5,6 KΩ
R2	180 KΩ	R12	10 KΩ @ 7w
R21	1,5 KΩ	R13	680 Ω
R4	5,6 KΩ	R14	680 Ω
R5	5 KΩ (TRIMPOT)	R15	560 Ω
R6	47 KΩ		
R7	120 KΩ		
R8	1,5 KΩ		
R9	10 KΩ		
R10	1 KΩ		

Capacitores

C1	
C2	4,7 μF
C3	0,33 μF
C4	
C5	0,1 μF
C6	400 μF @ 175 V
C7	400 μF @ 150 V

Diodos

D1, D2, D3, D4, 1N4004
D5, ZENER 6,8V
D6 SD-1z

Indutores

L1 0,25 mH CADA ENROLAMENTO
L2 100 mH

Transistores: T1, T3: PB1001 T2: PC1008   SCR = C107

A fonte se mostrou com boa regulação (<5%); ondulação de saída tolerável (=1%) e boa resposta transitória. Contudo, verificou-se que para tensões baixas de saídas, isto é, ângulos de condução pequenos, o SCR não tinha tempo suficiente para desligar, podendo se manter conduzindo no próximo semi-ciclo. A solução encontrada foi acrescentar o capacitor de atraso C8 (vide diagrama) e substituir o S.C.R. por outro de tempo de recuperação menor (FTO). Outro ponto observado foi que a ação de T_1 era atrasada em relação à tensão de entrada devido à constante de tempo R_1 C_2 (lembremos que C_2 foi adicionado para prover estabilidade). Optou-se pelo deslocamento de C_2 para a metade de R_2, e dimensionou-se este capacitor e os resistores R_2 e R_3 (vide diagrama) de modo que C2 fosse o menor possível, o que leva a um overshoot pequeno na tensão de saída. Efetuaram-se algumas pequenas modificações de modo que a compensação direta da linha (via R_1) fosse independente da posição do cursor da potenciometro R_5. Eliminamos o resistor R_21 através de um aumento da impedancia do divisor R12 $-R_{13}$.

Foi possível nesta situação acrescentar-se um sistema de partida suave e optou-se pelo acréscimo de uma constante de tempo, que só atuasse ao se ligar a fonte, sobre a já existente R_7 C_3. Introduziu-se então D_7, C_9,

R_{17}, (dimensionados para se obter um tempo de subida tal que mantivesse o overshoot dentro do tolerado).

Além disso, para que em um desligar e ligar rápido (ligação a quente), houvesse recuperação rápida do circuito de partida lenta, introduziu-se um circuito de descarga via D_8, C_{10}, R_{18}, R_{19}, dimensionados de modo que só atuem ao desligar fazendo com que a tensão sobre C_9 caia a um valor abaixo do nível de disparo de T_2-T_3 em um tempo inferior ao que a tensão de saída leva para ir do valor máximo utilizãvel ao mínimo do 1º disparo (120v a 20v),e este tempo é de aproximadamente 300ms.

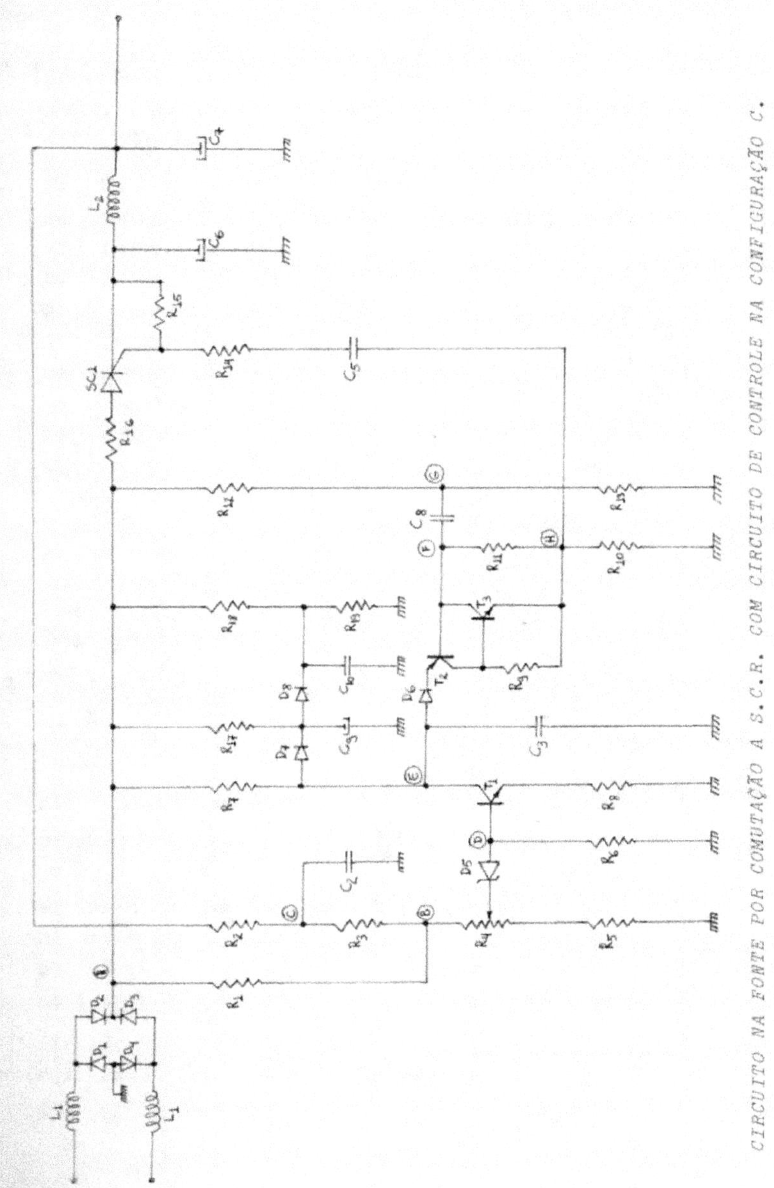

CIRCUITO NA FONTE POR COMUTAÇÃO A S.C.R. COM CIRCUITO DE CONTROLE NA CONFIGURAÇÃO C.

Estudo de fontes por comutação

RELAÇÃO DE COMPONENTES

Resistores (@ 1/4w., exceto especificação em contrário)

R1	680 KΩ @ 1w		R11	33 KΩ
R2	100 KΩ @ 1w		R12	27 KΩ @ 2w
R3	120 KΩ @ 1w		R13	1,5 KΩ @ 1/2w
R4	10 KΩ (TRIMPOT)		R14	22 Ω
R5	6,8 KΩ		R15	2,2 KΩ
R6	47 KΩ		R16	2,5 Ω
R7	150 KΩ @ 2w		R17	2,2 MΩ
R8	1,5 KΩ		R18	47 KΩ @ 2w
R9	10 KΩ		R19	4,7 KΩ @ 1/2w
R10	1 KΩ			

Capacitores (@ 250v)

C2	0,68 μF		C7	400 μF @ 150 v
C3	0,33 μF		C8	0,47 μF
C5	0,22 μF		C9	22 μF @ 40v
C6	600 μF @ 175v		C10	0,47 μF

Indutores

L1   0,6 m H / ENROLAMENTO
L2   100 m H

Diodos

D1	1N5053		D5	SD49 (ZENER 6,8v)
D2	1N5053		D6	E005
D3	1N5053		D7	E005
D4	1N5053		D8	E005

Transistores

T1   PD1001
T2   PC1008
T3   PD1001

Tiristor

SCR   FSC2 (equivalente ao S3714m)

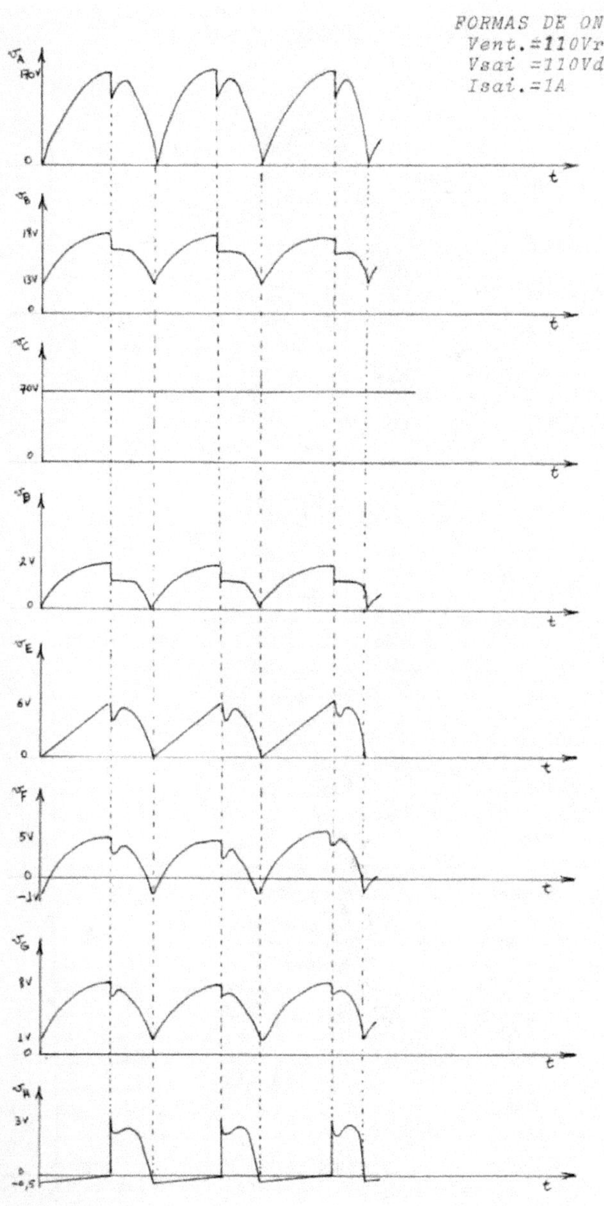

FORMAS DE ONDA
Vent.=110Vrms
Vsai =110Vdc
Isai.=1A

MEDIDAS DE DESEMPENHO

REGULAÇÃO DE LINHA

TENSÃO DE ENTRADA	CORRENTE DE CARGA A 90v DE SAÍDA		
	360mA	560mA	800mA
70	79,4	73,9	76,7
90	92,8	93,9	93,7
110	93,3	95,0	95,1
130	92,9	94,9	95,1
150	91,8	94,3	94,7
170	90,7	93,2	93,8
190	89,6	91,9	92,6
210	90,0	90,4	91,0
220	90,0	90,0	90,0
230	90,6	89,9	89,2

TENSÃO DE ENTRADA	CORRENTE DE CARGA A 100v DE SAÍDA		
	400mA	640mA	920mA
70	81,9	75,6	77,3
90	100,2	100,5	97,2
110	101,8	102,6	101,9
130	102,3	103,2	102,8
150	101,9	103,1	102,8
170	101,1	102,7	102,5
190	100,2	101,8	101,7
210	99,9	100,7	100,6
220	100,0	100,0	100,0
230	100,4	99,6	99,4

TENSÃO DE ENTRADA	CORRENTE DE CARGA A 110v DE SAÍDA		
	500mA	700mA	1000mA
70	82,4	74,6	78,8
90	107,9	106,0	102,5
110	110,4	110,2	109,5
130	111,3	111,6	110,8
150	111,8	112,2	111,4
170	111,5	112,1	111,7
190	110,8	111,5	111,4
210	110,2	110,9	110,6
220	110,0	110,0	110,0
230	110,5	109,6	109,5

REGULAÇÃO DE CARGA

TENSÃO DE SAÍDA A TENSÃO DE LINHA de 110V.

CORRENTE DE SAÍDA	90v.	CORRENTE DE SAÍDA	100v.	CORRENTE DE SAÍDA	110v.
200mA	93,8	200mA	104,9	240mA	116,3
280	93,1	300	104,0	380	115,0
400	92,4	400	103,2	440	114,0
460	91,9	500	102,5	580	113,4
550	91,3	600	101,9	680	112,4
640	90,8	700	101,2	780	111,6
720	90,4	800	100,6	860	110,7
800	90,0	880	100,0	980	110,0

TENSÃO DE SAÍDA A TENSÃO DE LINHA DE 220v.

CORRENTE DE SAÍDA	90v.	CORRENTE DE SAÍDA	100v.	CORRENTE DE SAÍDA	110v.
200mA	99,8	200mA	109,9	240mA	118,2
280	97,4	300	106,6	320	115,5
380	95,5	400	104,8	440	113,6
460	93,5	500	102,8	560	112,3
560	92,0	600	101,4	640	111,8
640	91,1	700	100,8	760	111,2
720	90,4	800	100,6	880	110,6
800	90,0	880	100,0	1000	110,0

ONDULAÇÃO TOTAL MÁXIMA DE SAÍDA = 1,2v
"OVERSHOOT" NA SAÍDA = 16%
MEDIDAS PARA 220V$_{rms}$ de ENTRADA E 120V. de SAÍDA

RESPOSTA TRANSITÓRIA = MENOR QUE 100ms para recuperar dentro
de 1volt para uma variação de carga
de 0,5A a 1A

f) Fonte por comutação a 1 SCR, em onda completa, com circuito de controle na configuração D

Observamos que, no circuito de controle na configuração C, a taxa de carga do capacitor C3 (e consequentemente a inclinação da rampa) é variada pelo transistor T_1, sendo que tanto a realimentação como a compensação direta da entrada são aplicadas à base do transistor.

Podemos, em princípio, economizar o transistor T_1, se adicionarmos a realimentação de tensão à base de T_2, variando-se assim o nível médio deste ponto.

O circuito experimentado fazendo-se uso destas idéias foi o seguinte:

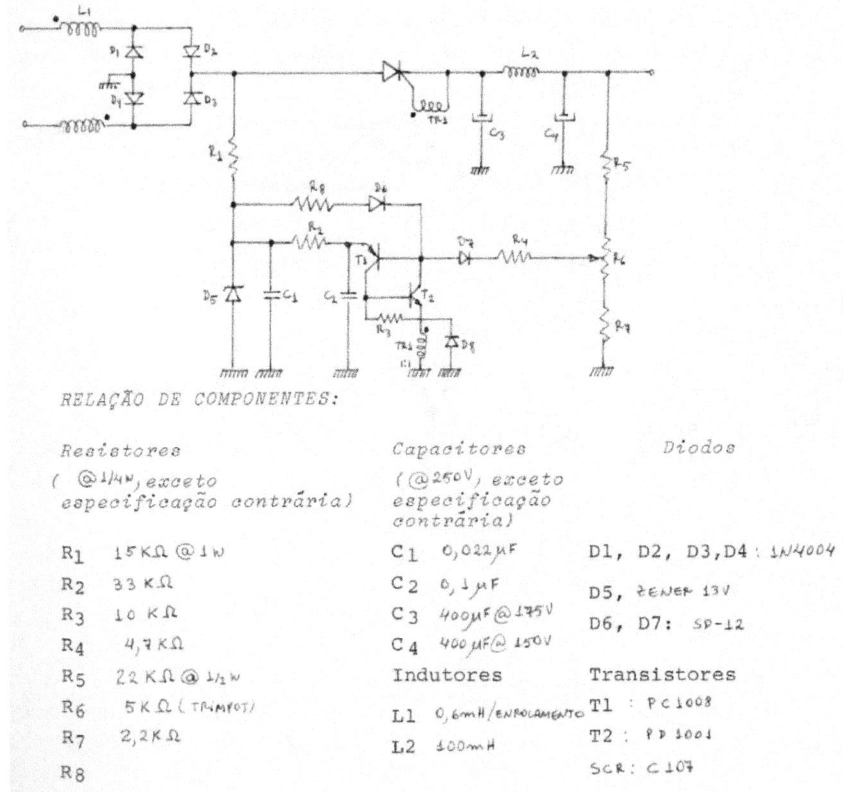

R8 e D6 servem para dar a partida.

Observou-se que a fonte apresentava duas regiões de funcionamento, para tensões de entrada altas o circuito de controle não era síncrono com a rede, só se mantendo na frequencia correta se o SCR disparasse.

No entanto a regulação era satisfatória.

Para tensões de entrada baixas o circuito de controle apresentava um sincronismo inconveniente que acarretava em não regulação.

Esse sincronismo era devido ao fato de que a tensão sobre o Zener caía quando a rêde vai a zero e esta queda fazia com que a tensão sobre o capacitor C_2 fosse suficiente para disparar o conjunto regenerativo T_1-T_2 dando assim o gatilho ao SCR em um angulo não conveniente. Tentou-se diminuir a variação de tensão sobre o Zener através do capacitor C_1 mas não foi suficiente.

Tentemos não a eliminação do transistor controlador de fase mas sim a de um dos transistores do conjunto regenerativo gatilhador do SCR.

g)Fonte por comutação a 1 SCR, em onda completa, com circuito de controle na configuração E

A idéia básica, na eliminação de um dos transistores que formam o conjunto regenerativo gatilhador do SCR, é utilizar a queda na tensão de anodo do SCR, quando este entra em condução, e acopla-la ao transistor gatilhador, formando assim pela malha existente (coletor do transistor – Porta do SCR – Anodo do SCR – Base do Transistor) um conjunto regenerativo.

Esta idéia não pode ser aplicada ao circuito na configuração C, devido ao fato de que a impedancia de emissor do transistor de disparo é alta e a impedancia de coletor é baixa ocasionando um ganho insuficiente para se conseguir a regeneração.

O circuito básico da fonte não regulada ficaria como descrito a seguir.

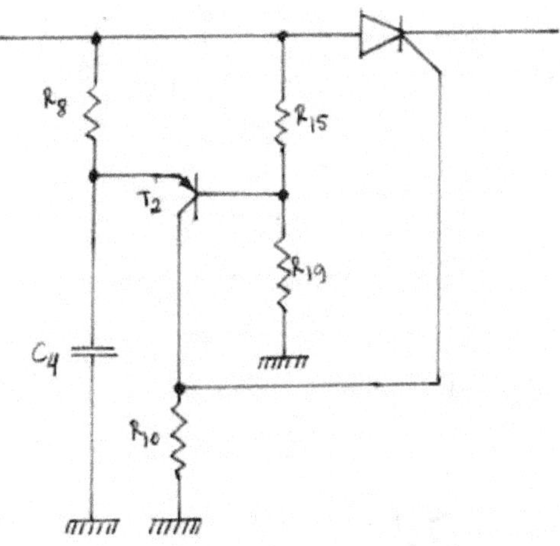

A idéia é passar a rampa para a base de T_2 e compará-la com um nível médio no emissor de T_2, esse nível médio é obtido pelo divisor de tensão formado por R_8 e pela impedancia do conjunto formado por T_2, e pelo capacitor C_4. O capacitor C_4 tendo uma capacitancia suficientemente elevada nos garantirá uma partida suave inerente ao circuito.

A rampa na base de T_2 é criada através de um circuito diferenciador de constante de tempo ajustada convenientemente para se obter uma rampa a partir de uma forma de onda de tensão retangular a qual é obtida pelo conjunto R_{14}, C_9, $R_{15}-D_9-R_{19}$. O conjunto paralelo R_{14} C_9 garante sobre R_{15} uma forma de onda idêntica à do anodo mas que garantidamente chega ao nível zero (o que não acontece com a tensão de anodo devido às perdas nos diodos da ponte e às capacitancias no circuito de controle). R_{19} é necessário para que o gerador da onda retangular seja uma fonte de tensão de baixa impedancia mesmo quando o diodo Zener D_9 estiver cortado.

Os componentes D_7-R_{12} são usados para impedir que a junção base-emissor de T_2 possa entrar em avalanche.

R_{11} serve como limitador da corrente de base e juntamente com R13 divide a tensão de comparação.

O circuito é o seguinte:

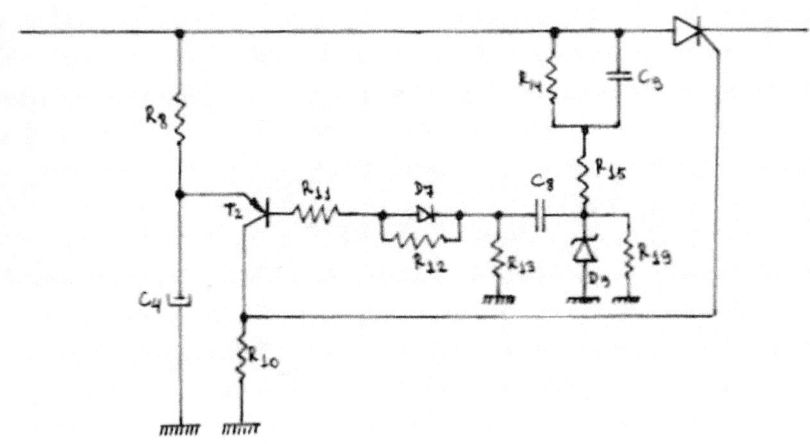

O circuito como está não apresenta regulação, para isso acrescentamos o conjunto controlador de fase formado por um transistor T_1 que reduz o nível médio sobre C_4 se a diferença, entre a amostra da tensão de saída (via R_2 – R_5) e a tensão de referencia dada por D_6, for positiva. R_6 garante uma corrente mínima de polarização de Zener.

R_7 limita a corrente de descarga de C_4 sobre o coletor de T_1.

O circuito torna-se o seguinte:

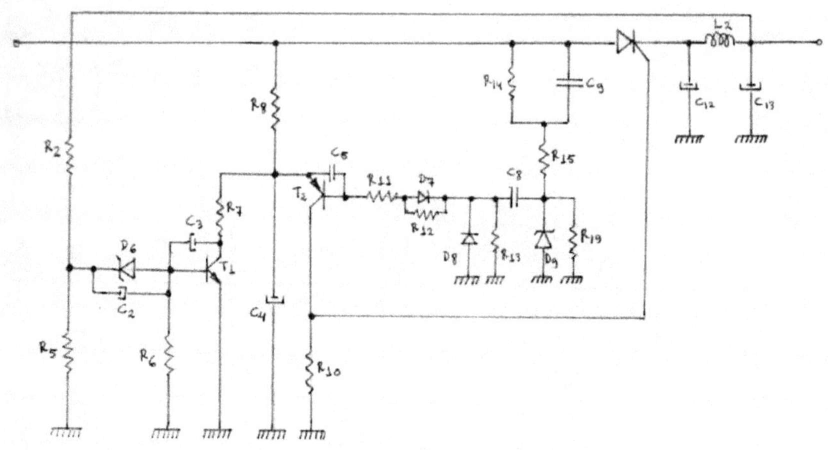

C_2 foi acrescentado para se obter um maior grau de partida lenta.

D_8 grampeando a rampa nos possibilita uma menor excursão do nível DC sobre C_4 para se obter a regulação desejada.

C_5 impede que ocorra disparo do circuito de controle por dv/dt.

C_3 garante estabilidade ao circuito.

Para se obter um funcionamento da fonte numa ampla faixa de tensões de entrada devemos garantir que o ganho se reduza para altas tensões de entrada (ângulos pequenos de condução do SCR), isto é obtido adicionando-se à rampa uma amostra da tensão de anodo, via C_7.

Com esta redução de ganho garantimos a estabilidade da fonte em toda a faixa de tensões de entrada que nos interessa, contudo para compensar a deteriorização da regulação devido à redução de ganho, acrescentamos uma amostra da tensão da rede no ponto de soma, da amostra da saída da tensão de referencia, via R_1.

Com isso temos o circuito que segue:

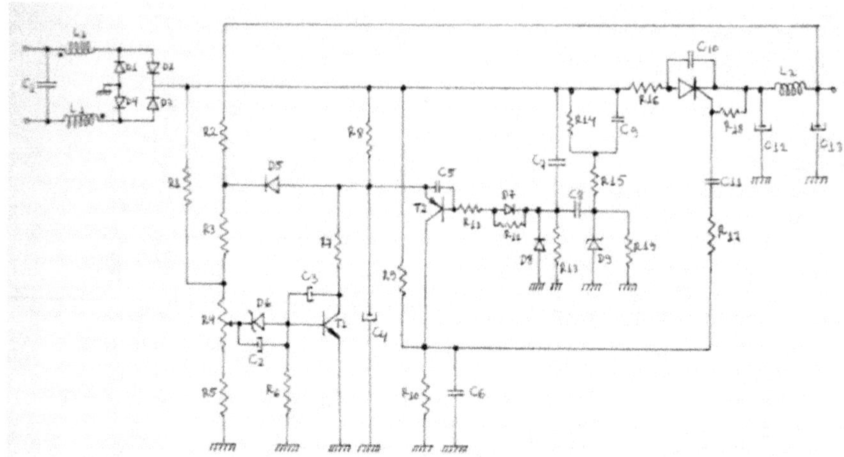

D_5 impede que a tensão sobre C_4 suba a valores muito acima do nível máximo de trabalho, com isso limitando a saída máxima.

R9, R10, C6 garantem uma tensão DC no coletor de T2 e com isso o transistor T2 só entrará em sua região de funcionamento quando a tensão de emissor subir acima deste nível, dando assim algum grau de proteção quanto às ligações à quente.

Relação dos componentes:

Resistores (@ 1/4W,   exceto especificado)

R_1	2,2 MΩ	R_{11}	10 KΩ
R_2	33 KΩ @ 1/2W	R_{12}	150 KΩ
R_3	15 KΩ	R_{13}	33 KΩ
R_4	2,2 KΩ (TRIMPOT)	R_{14}	15 KΩ @ 1W
R_5	11 KΩ	R_{15}	8,2 KΩ @ 2,5W
R_6	1,2 KΩ	R_{16}	2,5 Ω @ 10W
R_7	180 Ω	R_{17}	22 Ω
R_8	15 KΩ @ 3W	R_{18}	390 Ω
R_9	330 KΩ	R_{19}	5,6 KΩ
R_{10}	15 KΩ		

Capacitores (@ 250V exceto especificado)

C_1	0,33 μF @ 400V	C_8	0,22 μF
C_2	4,7 μF @ 25V	C_9	0,22 μF
C_3	1 μF @ 40V	C_{10}	0,01 μF
C_4	10 μF @ 40V	C_{11}	0,22 μF
C_5	0,022 μF	C_{12}	400 μF @ 175V
C_6	0,1 μF	C_{13}	600 μF @ 150V
C_7	0,022 μF		

Diodos

D1, D2, D3, D4: 1N5053

D5, D7, D8: 5006

D6, D9: SD43 (ZENER 18V)

Indutores

L1   0,6 mH CADA ENROLAMENTO

L2   100 mH

Transistores

T1   TV67

T2   PB6004/5B

SCR

C107

Estudo de fontes por comutação

O SCR utilizado (C107) apresenta as seguintes caracteristicas:

Corrente de porta: I_g= 500µA

Tensão de porta: V_g=0,8v

Tempo de aplicação do pulso: t_p = 1,2µs

Como vimos anteriormente, , este SCR tem um tempo de armazenamento de carga elevado, deste modo substituindo-se pelo S3714M que tem um tempo de armazenamento bem menor.

Suas características são:

I_g = 15mA

V_g = 1,8v

t_p = 0,7µs

O acoplamento sendo AC, a forma do pulso aplicado a R_{17} e à porta do SCR é uma exponencial descrescente; isto reduz a tensão disponível para o pulso ao final do mesmo. Verificou-se ser adequado permitir uma queda exponencial de 10% durante o pulso. Deste modo, o valor do capacitor de acoplamento é dado por:

$$C_{11} = t_p/(R_{17MIN} \log_e 1,1)$$

A amplitude mínima do degrau de tensão sobre $R1_0$ é V_s = 2,5v, assim:

$$R_{17MAX} = (V_{sMIN} - V_g) / i_g$$

se considerarmos R_{18} = 2,2KΩ suficiente para diminuir os efeitos de dv/dt.

Portanto: $R_{17MAX} = (2,5-1,8)/(15\times10^{-3}) = 46\Omega$

tomamos: $R17$= 22Ω (10%)

O valor de C_{11} fica:

$C_{11} = (0,7 \times 10^{-6})/(20 \times 0,095) = 3,8 \times 10^{-7}$

Tomamos :

$C_{11} = 0,47 \mu F$

Além disso, por ser este SCR menos sensível foi preciso aumentar o ganho de malha do conjunto regenerativo T_2 – SCR, isto foi feito reduzindo-se o valor de R11 para $5,6K\Omega$..

Observe-se que C_7 além de prover compensação também facilita a regeneração. Outras mudanças feitas para melhorar o desempenho da fonte quanto à regulação de linha, e também para se atingir uma faixa maior de tensões de saída:

$R_1 = 1,8M\Omega$

$R_4 = 8,2K\Omega$

$R_8 = 10K\Omega$ @ 5W

$R_{19} = 8,2K\Omega$

O tempo de descida da tensão de saída (100% a 10%) medido, com a carga do próprio televisor, foi de 800ms enquanto que o tempo de recuperação do circuito de partida lenta foi medido em 400 ms. Contudo, se medirmos o tempo de descida da tensão de saída para uma carga de 1A encontraremos aproximadamente 200 ms, o que implica em não proteção a ligações a quente.

A saída apresenta uma resposta sem "Overshoot" ; a resposta transitória para entrada degrau ou impulso tanto para carga como para a linha é da ordem de 200ms, devendo portanto ser melhorada.

A 1a. tentativa para a redução no tempo de resposta da fonte foi a diminuição da amostra da tensão de saída (diminuição da função de transferencia, de malha aberta!, contudo variações de até 100% no ganho de malha aberta não se mostraram eficazes. A 2a. tentativa foi a compensação do primeiro polo, da função de transferencia de malha fechada, pela introdução de um zero na mesma freqüência. Os pólos da função de transferencia de caminho direto são dados principalmente pelos seguintes fatores:

os componentes que formam a rampa modificada nos dão um polo em aproximadamente 100 rd/s; C_{12} e a impedancia vista por ele nos dão um polo em aproximadamente 1000rd/s; o filtro LC nos dá dois polos em 100Krd/s.

O polo da função de transferencia de realimentação é dado principalmente por C_3 e a impedancia vista por ele, e está em torno de 1000rd/s.

O zero então, deve ser introduzido na malha de realimentação, deve estar em uma freqüência próxima a 100rd/s.

Deste modo, colocamos um capacitor C_{14} em paralelo com R_3 , tal que.

$C_{14} = 1/100R_p$

Onde R_p é a impedancia em paralelo com C_4, e como é da ordem de $10K\Omega$ temos,

$C_{14} = 1\mu F$

Isto resultou em uma resposta transitória com tempo de recuperação menor que 100ms.

O circuito é apresentado a seguir:

Circuito da fonte por comutação a SCR com circuito de controle na configuração E.

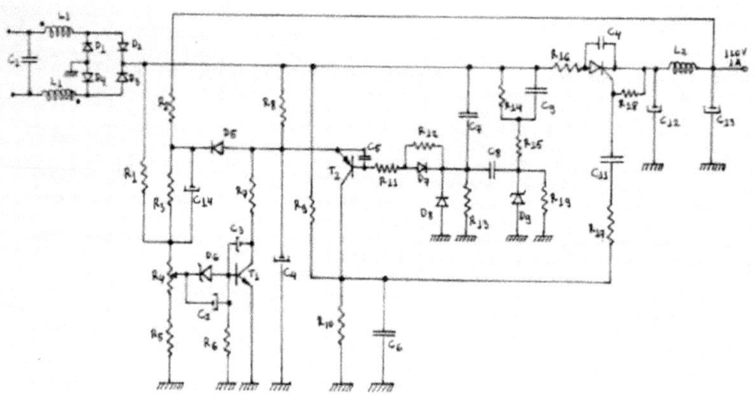

RELAÇÃO DOS COMPONENTES:

Resistores
(@ 1/4W, exceto
especificação)

R_1 1,8MΩ R_{17} 22Ω
R_2 33KΩ R_{18} 2,2KΩ
R_3 15KΩ R_{19} 8,2KΩ
R_4 8,2KΩ (TRIMPOT)
R_5 12KΩ
R_6 1,2KΩ
R_7 180Ω
R_8 10KΩ @ 5W
R_9 330KΩ
R_{10} 15KΩ
R_{11} 5,6KΩ
R_{12} 150KΩ
R_{13} 33KΩ
R_{14} 15KΩ @ 1W
R_{15} 8,2KΩ @ 2,5W
R_{16} 2,5Ω @ 20W

-Capacitores
(@ 250V, exceto
especificação)

C1 0,33μF @ 400V
C2 4,7μF @ 25V
C3 1μF @ 40V
C4 10μF @ 40V
C5 0,022μF
C6 0,1μF
C7 0,022μF
C8 0,22μF
C9 0,22μF
C10 0,01μF
C11 0,47μF
C12 400μF @ 175V
C13 600μF @ 160V
C14 1μF @ 40V
Indutores L1 0,6mH cada enrolamento
        L2 100mH

Diodos

D1, D2, D3, D4: 1N5063
D5, D7, D8: E005
D6, D9: SD43 (ZENER 18V)

Transistores

T1 TV67
T2 PB 6004/5B

SCR
    S3714M

Estudo de fontes por comutação

Regulação de linha: 1% para uma variação de 100 a 230 Vrms de rede.

Regulação de carga: 1% para uma variação de 0,2 a 1A de carga.

Ondulação máxima na saída: 1V pico a pico.

Overshoot: 0.

Tempo de subida (0 a 100%) : 400ms.

Resposta transitória: 100ms para recuperar dentro de 1V para variação de linha ou de carga.

6.Seleção da fonte básica

Através do estudo realizado chegamos a duas fontes que satisfaziam as especificações,ambas eram fontes por comutação a 1 SCR em onda completa (opção considerada a mais apropriada para o problema).

Essas duas fontes são as que apresentam circuitos de controle na Configuração C e E.

Feita uma analise relativa de custos, verificou-se que a fonte na Configuração E, era mais cara que a fonte na Configuração C, este fator determina a escolha da fonte com circuito de controle na configuração C que embora apresente características de regulação piores que a outra fonte, estas características satisfazem as especificações.

Se houver interesse em fazer estudos com outros tipos de circuitos de controle, as referencias TI2, TI6 e TI8 trazem um vasto material.

7.Condicionamento da fonte básica

É necessário que a fonte selecionada sofra algumas modificações de modo a tornar possível seu funcionamento nas condições apresentadas de seu acoplamento ao aparelho de televisão.

O primeiro ponto observado foi a necessidade de se limitar a variação da tensão anodo-catodo do S.C.R. quando a fonte é ligada, pois o S.C.R. poderia conduzir pelo efeito de dv/dt da primeira aplicação de tensão.

A idéia é se adicionar um capacitor em paralelo com o SCR.

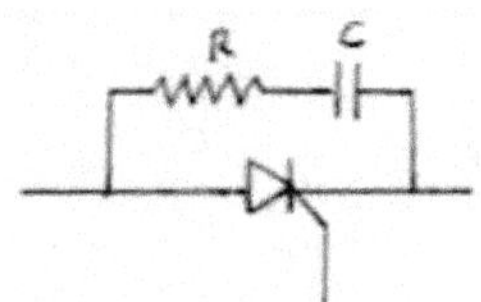

O valor do capacitor foi encontrado experimentalmente e verificou-se que deveria ser maior que 15nF.

De modo a limitar a corrente pelo capacitor a no máximo 400mA,usamos um resistor em série de 820Ω @ 1/4W.

O capacitor usado foi de 22nF @ 600v de poliester.

O segundo ponto a ser observado é o da otimização do choque de entrada, o que pode ser facilmente realizado graças ao estudo realizado na referencia TI11.

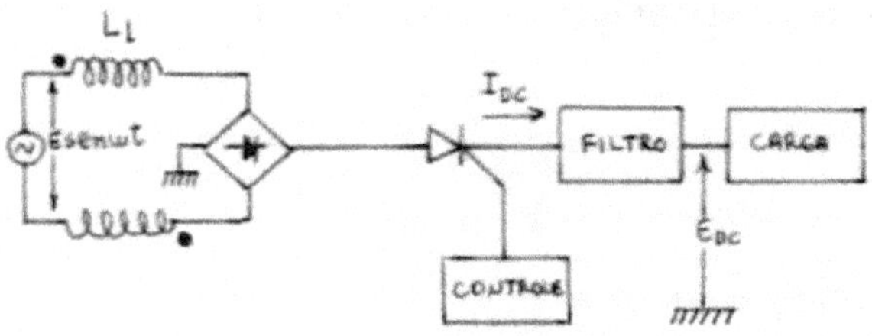

Segundo este estudo, se quisermos minimizar a razão potência aparente por potência de saída , para o caso de condução do SCR. próximo ao pico da senóide (que é o caso se a rede é de 110 Vrms) , devemos ter um angulo de condução de aproximadamente 67°, isto nos leva a um fator wLI_{DC}/E_{DC} de aproximadamente 0,03; portanto, temos um valor de indutancia de aproximadamente L = 9mH.

O terceiro ponto é a utilização de um dissipador apropriado para o S.C.R.; para isso baseamo-nos nas seguintes regras:

1. A área da superfície do dissipador de calor deve ser tão grande quanto possível de modo a se ter a maior transferencia possível de calor. A área da superfície é ditada pela especificação de temperatura do envólucro do S.C.R. e do ambiente no qual o S.C.R. será colocado.

2. A superfície do dissipador deve ter um valor de emissividade próximo da unidade.

3. A condutividade térmica do material do dissipador deve ser tal que não se estabeleça, através do dissipador, gradientes térmicas excessivas.

No caso verificou-se que poder-se-ia permitir que o SCR atingisse uma temperatura de junção máxima de 100°C para uma temperatura ambiente máxima de 60°C.

Para uma corrente eficaz de 2,5A, o SCR dissipará em torno de 4w, deste modo a resistência térmica será:

$$R_{th} = \Delta T/P_p = 40°C/4W = 10° \ C/W$$

Para este valor, encontramos para a área do dissipador, um valor de:

$$A_D > 35 \ cm^2$$

O quarto ponto a ser estudado é o da interferência de rádio-frequencia: a ação rápida de comutação do S.C.R. faz com que a corrente atinja um valor, determinado pela carga, em um período de tempo muito curto. Esta ação rápida de comutação produz um degrau de corrente, o qual é composto de harmônicas elevadas que tem uma amplitude variando inversamente com a frequencia. No caso da fonte por controle de fase, este degrau de corrente é produzido a cada semi-ciclo da tensão de linha. As harmonicas de amplitude razoável interferem na faixa de ondas médias dos rádios AM. A amplitude das freqüências mais altas no pulso de corrente é de nível tão baixo que não interfere com televisão ou rádio FM.

A IRF irradiada é insignificante a menos que o rádio esteja localizado muito próximo à fonte.

A IRF guiada pelas linhas de potência é de maior significado. Para reduzir a interferência utilizamos um filtro LC na entrada da fonte:

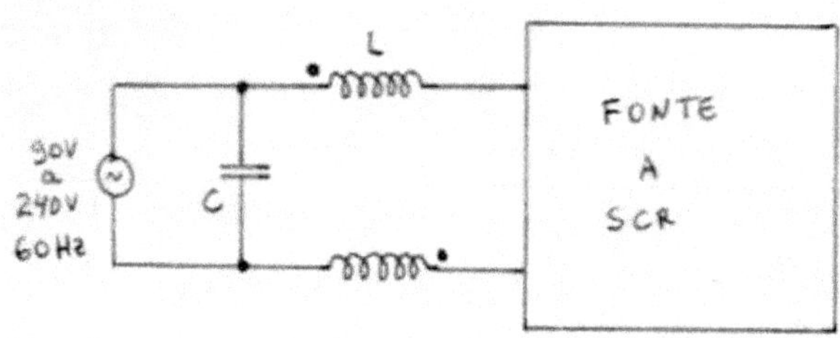

O quinto ponto de importância é o da proteção contra sobretensão e sobrecorrente; para isso utilizou-se o circuito indicado a seguir, onde o disjuntor é do tipo térmico para 2,5A.

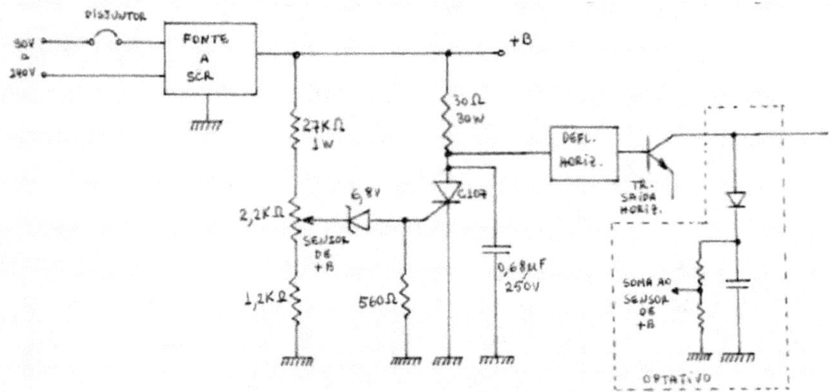

O ajuste do ponto de disparo do SCR de proteção deve levar em conta o "Overshoot" na tensão DE +B quando a fonte é ligada.

O tempo de disparo da proteção é da ordem de microsegundos enquanto que o tempo de abertura do disjuntor térmico é da ordem de segundos; no entanto, como o circuito de deflexão horizontal está ligado ao anodo do SCR de proteção, a alta tensão cai instantaneamente, e somente os capacitores de filtro da fonte é que suportam a sobretensão até que o disjuntor térmico abra. Quanto à sobrecorrente, o próprio disjuntor serve de proteção por ficar submetido constantemente à corrente de regime, necessitando assim de pouca sobrecarga para que venha a abrir.

Testes de vida com o SCR C107 da proteção provaram que o mesmo suporta no mínimo 50 disparos nas piores condições, ou seja, entrada de 220 V_{rms}, saída de 110V − 1A, curto no SCR da fonte.

8.Potência, fator de potência, eficiência

As medidas de potência foram feitas através de um wattímetro e também por processo gráfico, verificando-se que a medida apresentada pelo wattímetro é aceitável.

Método Gráfico: Levantamos a curva de corrente de entrada com um osciloscópio e uma ponta de corrente D.C.; plotada esta forma de onda levantamos graficamente as curvas do quadrado da corrente e do produto da tensão pela corrente.
Por definição:

$$P_{AP} = V_{RMS} \cdot I_{RMS}$$

Onde:
P_{AP}= potência aparente
V_{RMS}= tensão eficaz de entrada
I_{RMS}= corrente eficaz de entrada

V_{rms} foi medida com um voltímetro digital, com isso incorre-se num pequeno erro pois se supõe que a forma de onda de tensão de entrada seja uma senóide o que não é verdade pois quando o S.C.R. conduz a rede tende a diminuir seu valor instantâneo , deformando ligeiramente a senóide.
I_{rms} foi calculado a partir da integração gráfica da curva do quadrado da corrente, pois:

$$I_{RMS} = \left[\frac{1}{T} \int_{0}^{T} i^2(t)\, dt \right]^{1/2}$$

Deste modo, para uma tensão de saída de 113V e uma carga de aproximadamente 1A, obtivemos

$V_{RMS}=120,5V$

$I_{RMS}=2,33A$

$T=16ms$

o que nos dá um valor de potência aparente de: $P_{AP}=280$ V.A.

Por definição:

$$P_{AT} = \frac{1}{T} \int_{0}^{T} v(t) \cdot i(t)\, dt$$

onde:

P_{AT} = potência ativa, dissipada ou media.

v(t) = forma de onda de tensão (no caso supusemos uma senóide perfeita, portanto,

$$v(t) = Vrms \sqrt{2}\ sen\, \omega t)$$

i(t) = forma de onda de corrente (dada pelo gráfico).

Calculando-se graficamente a integral, temos: $P_A T = 140W$

deste modo temos o seguinte fator de potência:

Fator de potência = P_{AT}/P_{AP}= 140/280 = 0,5

OBSERVAÇÃO: No oaso não podemos representar o fator de potência por um cos ϕ haja vista que a corrente é não senoidal. Além disso, a potência reativa não é igual a

$$\sqrt{P_{AP}^2 - P_{AT}^2}$$

salvo se a curva da corrente fosse uma reprodução da curva de tensão à menos de uma constante, o que não é o caso.
No caso geral,

$$P_{AP} = \sqrt{P_{AT}^2 + P_{REAT}^2 + P_{DEF}^2}$$

Onde: P_{DEF} é chamada potência deformante.

(Vide "ELECTROTECHNIQUE A L'USAGE DES INGENIEURS" de A.FOUILLÉ, TOMO 1, 8a. edição, Pag. 470, DUNOD, Paris 1969)

<u>Método Instrumental</u>: As medidas foram. realizadas com o "Volt-Amp-Wattmeter" da Sensitive Research, Nº ES – 6134.

As medidas efetuadas foram:

$$V_{RMS} = 121V$$
$$I_{RMS} = 2,5A$$
$$P_{AT} = 146W$$

O que nos dá um fator de potência de aproximadamente 0,482.

Observamos uma boa relação entre os dois métodos, garantindo que se pode confiar, dentro de certos limites, nas medidas pelo wattímetro.

Resta saber se a fonte é uma carga capacitiva ou indutiva, para isso fizemos medidas com um capacitor de 35µF@370V de óleo (capacitor de partida de ar condicionado) em paralelo com a fonte.

	$V_{RMS}(V)$	$I_{RMS}(A)$	$P_{AT}(W)$	F.P.
Sem Capacitor	118	2,45	148	0,512
Com Capacitor	118	2,47	148	0,508

Como houve um aumento da potência aparente concluimos que a fonte é oapacitiva, o que é uma vantagem pois já que as cargas das instalações são normalmente indutivas, teremos um efeito de compensação, e o fator de potência resultante ficará acima do míni mo permitido.

Medidas de eficiência revelaram um coeficiente de aproximadamente 80%.

9.Coeficiente de Temperatura

A fonte foi colocada em uma estufa que teve a temperatura variada de 30°C a 70°C, medida através de um "Temperature Potentiometer" da Leeds & Northrup Co.

A tensão da fonte foi medida com o multímetro digital, HP-3490A, para uma carga de aproximadamente 1A.

TEMPERATURA MÉDIA (°C)	30	35	40	45	50	55	60	65	70
TENSÃO @ 110 V_{RMS} DA	105,2	105,2	105,3	105,2	105,3	105,0	105,0	105,4	105,6
FONTE(V) @ 220 V_{RMS}	105,1	105,1	105,3	105,4	105,4	105,1	105,0	104,8	104,6

Verificou-se a ótima estabilidade em temperatura, onde as variações são devidas principalmente à ondulação na tensão de saída.

10.Isolação e segurança

Para aplicações normais de manutenção onde o funcionamento é intermitente, uma operação satisfatória é atingida se for usado um transformador de isolação de especificação V.A. adequada, e que apresente uma indutância de perdas relativamente baixa. Isto é necessário para garantir a estabilidade da fonte ao se usar o transformador de isolação, pois se o transformador apresentar indutância de perdas apreciável, há a possibilidade de ocorrer ressonância com o capacitor de entrada de filtro, causando um gatilhamento instável ao S.C.R.

11.Conclusão: Fonte apresentada

A fonte selecionada apresenta uma saída ajustável em torno de 105v para uma carga de 1A, sendo regulada para uma faixa continua de tensões de entrada desde $90V_{rms}$ até $240V_{rms}$.

A figura ao fim deste capítulo apresenta o diagrama do circuito elétrico da fonte.

A ponte de diodos composta por D_1, D_2, D_3, D_4, torna disponível, ao circuito de controle e ao comutador, a forma de onda de tensão de rede retificada em onda completa. O comutador SC1 é um retificador controlado de silício, sendo protegido, dos efeitos de condução por dv/dt, através de R_{15} , o qual permite um caminho para a corrente capacitiva intrinseca do SCR, e através de C_4, o qual limita o tempo de subida da tensão no anodo do S.C.R. a um valor dentro das espe-cificações. R_{20} limita a corrente de descarga de C_4 sobre o S.C.R. em condução. Se os pulsos de disparo ocorrerem a um ângulo de fase após o ângulo correspondente ao pico do semi-ciclo senoidal da forma de onda de rede retificada, o SCR conduzirá e conectará, ao capacitor de armazenamento C_6, uma tensão de valor aproximadamente igual ao valor instantaneo, da tensão de rede retificada, no instante de disparo do SCR. Teremos então um pulso de corrente carregando C_6 e quando esta corrente cair abaixo do valor de manutenção o SCR deixará de conduzir, só entrando novamente em condução no próximo semi-ciclo.

O filtro passa-baixas L_2-C_7 apresenta na saída o valor médio da tensão sobre o capacitor de armazenamento. O resistor R_{16} juntamente com o choque de entrada L_1 limitam o valor da corrente pelo SCR.

L_1-C_1 compõem um filtro passa-baixas que impede que passe à rede as harmônicas de alta freqüência do pulso de corrente geradas quando da condução do SCR.

Os capacitores C_4, C_{11}, C_{12}, C_{13}, C_{14}, impedem que sejam irradiadas as harmônicas de alta freqüência do pulso de corrente geradas quando da condução do SCR e dos diodos da ponte.

Devido à diferença de potencial entre a porta do SCR e o gerador de pulsos do circuito de controle, os pulsos de disparo são acoplados A.C. via C_5. R_{14} limita a corrente de porta.

O gerador de pulsos de disparo é composto por D_6, T_2, T_3, R_9 R_{10}, R_{11}, interconectados de modo a constituírem um circuito com realimentação positiva, atingindo-se assim uma configuração regenerativa. D_6 impede que T_2 entre na região de avalanche.

A tensão de entrada retificada é amostrada por R_{12}-R_{13} e acoplada via C_8 à base de T_2.

R_7-C_3 constituem um circuito integrador que gera uma rampa e a apresenta ao emissor de T_2. Quando a rampa ultrapassa a tensão na base de T_2 (o que acontece para um ângulo de fase após o ângulo correspondente ao pico do semiciclo senoidal), o circuito do gerador de pulsos conduz descarregando C_3 sobre R_{10}, o que resulta em um pulso positivo. Se quisermos alterar o ângulo em que se dará o disparo do SC1, basta alterar a inclinação da rampa, o que pode ser feito através do circuito de controle de fase composto por T_1, R_8. A tensão de saída realimentada é amostrada via R_2 , R_3, R_4, R_5 e comparada à tensão de referencia dada por R_6 D_5. Se a tensão de saída estiver acima do desejado, o transistor T1 conduzirá drenando corrente de C_3, o que eqüivale a diminuir a inclinação da rampa e consequentemente atrasar o ângulo de disparo de modo que a tensão de saída diminua de valor. Temos assim, o efeito de regulação. Se a tensão de entrada passar a ter um valor eficaz maior, a saída tenderá a aumentar, mas devido à amostra adicionada via R_1 no ponto de comparação, a saída tende a diminuir o-correndo então o efeito de compensação.

A resposta transitória é sensívelmente melhorada pela introdução do capacitor C_2.

Ao se ligar a fonte, o diodo D_7 conduz fazendo com que o capacitor C_3 tenda a se carregar a uma tensão dada por R_{17} C_9, a qual por sua vez cresce linearmente com o tempo.

Deste modo, a cada semiciclo a rampa sobre C_3 terá uma inclinação maior, o que resulta em ir adiantando o ângulo de disparo até atingir o valor de regime; com isso conseguimos que a saída tenha um tempo de subida e um overshoot adequados.

O circuito D_8, C_{10}, R_{18}, R_{19}, somente atua ao se desligar a fonte permitindo uma descarga rápida de C9 e consequentemente recuperação de modo a garantir uma proteção eficaz quanto "às ligações a quente".

A fonte é provida de proteção contra sobre corrente através de disjuntor térmico F_1. A proteção contra sobretensão é obtida fazendo-se uso do circuito R_{21}, R_{22}, R_{23}, R_{24}, R_{25}, D_9, C_{15}, SC_2.

Se a amostra da saída via R_{21}, R_{22}, R_{23} ultrapassar a referencia dada por D_9, R_{29}, haverá disparo do SC_2 ; ocasionando uma sobrecarga via R_{25} e consequentemente o disjuntor F_1 abrirá.

C_{15} impede que SC_2 conduza por dv/dt.

C_{16} impede que o overshoot ou mesmo os impulsos de curta duração na tensão de saída venham a disparar o circuito de proteção; com isso podemos ajustar o ponto de disparo para 120V que um overshoot de 150V durante 30ms não atuará no circuito de proteção.

L_3 pode ser usado para auxiliar na eliminação da interferência de radio freqüência, e uma indutancia de 0,2 mH é suficiente.

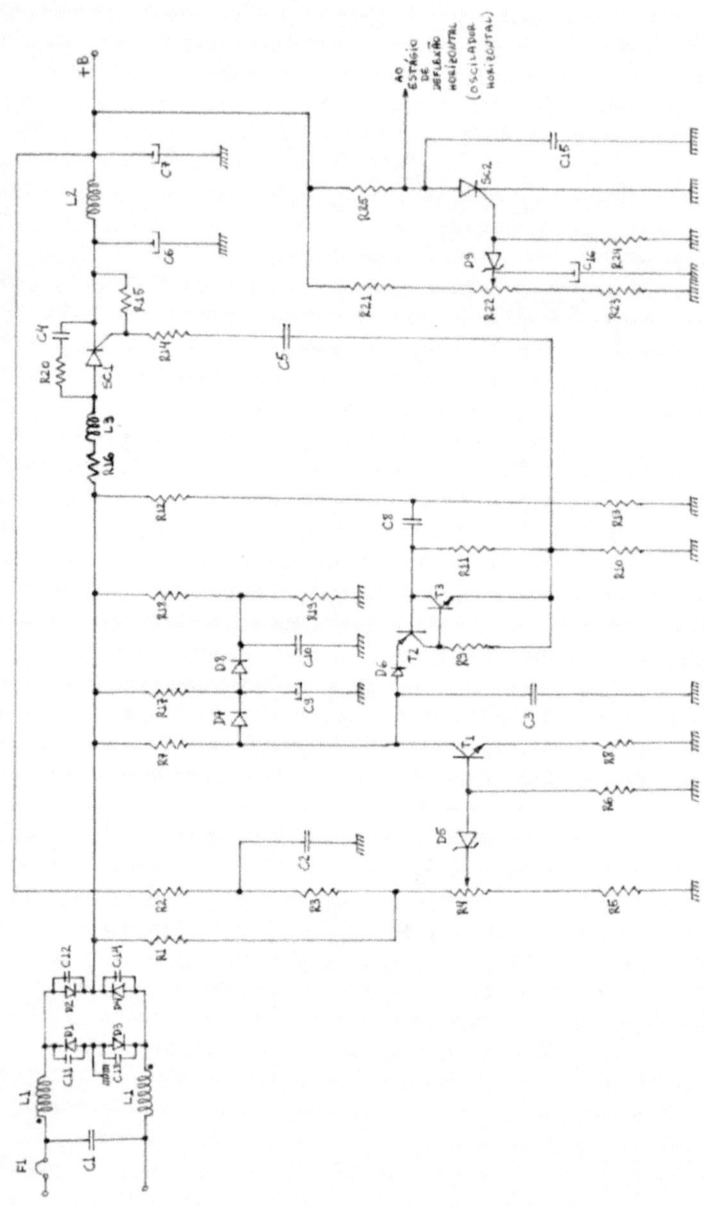

Relação de componentes

RESISTORES (@1/4W, exceto especificação contrária)

R1 680 KΩ @ 1W

R2 100 KΩ @ 1W

R3 120 KΩ @ 1W

R4 22 KΩ   (Trimpot)

R5 6,8 KΩ

R6 47 KΩ

R7 150 KΩ @ 2W

R8 1,5 KΩ

R9 5,6 KΩ

R10 270 Ω

R11 33 KΩ

R12 27 KΩ @ 2W

R13 1,5KΩ @ 1/2W

R14 22 Ω

R15 1 KΩ

R16 1 Ω @ 10W

R17 2,2MΩ

R18 47 KΩ @ 1W

R19 4,7KΩ @ 1/2W

R20 820Ω

R21 22 KΩ

R22 2,2 KΩ

R23 1,2 KΩ

R24 560 Ω

R25 30Ω@ 30W

CAPACITORES (@250V, exceto especificação contrária)

C1 0,33 µF @ 400 V

C2 0,68 µF

C3 0,33 µF

C4 0,022µF @ 630 V

C5 0,22 µF

C6,C7 2x500 µF@ 200 V

C8 0,47 µF

C9 22   µF @ 40 V

C10 0,47 µF

C11,C12,C13,C14 4x2,2kpF

C15 0,68 µF

C16 22 µF @ 40 V

INDUTORES

L1 1,6mH cada enrolamento (70 espiras por enrolamento; fio 18; secção do ferro 3/4" x 3/4"; GAP 1,5 mm)*

L2 100 mH (350 espiras de fio 22; secção do ferro: 7/8" x 7/8"; GAP: 0,03mm)

L3 Vide texto

DIODOS

D1, D2, D3, D4, 4 x 3 GZ 61
D5 SD 49 (Zener 6,8V)
D6, D7, D8 3 x E005
D9 SD49 (Zener 6,8V)

TRANSISTORES

T1 PD 1001
T2 PC 1008 B
T3 PD 1001

S.C.R'S

SC1 S3704 M (montado em dissipador de 35 cm^2 de area)
SC2 C107

* NOTA:

L_1 pode ser feito com nucleo de ferrite EE 42 A material
H3S; 50 espiras por enrolamento de fio 21 bifilar; GAP
de 0,23 mm.

Bibliografia referente a fontes por comutação a tiristor

TII MURRAJ Jr.,Robert. Phase Angle and Integral Cycle Control. Instruments & Control Systems. USA , 42 (2) : 101-103, Feb.1969.

TI2 BUGG. H. E. F. Thyristor power supplies for television receivers: design considerations. Mullard Technical Communications , G. B., (114): 129-144, Apr. 1972.

TI3 HICKS, J. & HOPENGARTEN, A. Low-cost SCR Line – Connected DC regulator. IEEE Trans. Broadcast & Telev. Receivers. USA, BTR-19 (4): 239-245, Nov. 1973.

TI4 BAILEY, A. R. Thyristor – stabilized Power Supplies. Wireless World., G. B., (1406): 388-390, Aug. 1969.

TI5 NAGABHUSHANA, S. Improved Phase Controlled Thyristor D. C. Power Supply. IEEE Transactions on Industrial Electronics and Control Instrumentation., USA. IECI-20 (3) : 182-183, Aug. 1973.

TI6 DREISKE, E. J. High – efficiency regulated d. c. power supply for solid-state TV receivers. Proceedings of the national electronics conference. USA. P. 513-18,   7-9 Dec. 1970.

TI7 JARRATT, T. J. Transistorised SCR Firing Circuits. Mullard Technical Communications. 6. 8. Vol. 7 (65) : 141-157, Jun. 1963.

TI8 PAINE, R. A. Precise phase angle control of SCRS. Mullard Technical Communications, G. B. Vol. 7 (65) : 162-168,Jun. 1963.

TI9 PRAJOUX, R. Thierry P. & Jalade, J. Extension of a small signal model for thyristor - rectifier control loops when using an asynchronous delay - type firing circuit. Electronics letters,G. B. 9   (10) : 228-229,17th May 1973.

TI10 GENERAL ELECTRIC. SCR - Manual. 5 th Edition.

TI11 PRIGOZY, Stephen. T.e use of transformer Leakage Inductance as a parameter for optimizing the performance of SCR power supplies. IEEE Journal of Solid-State Circuits. USA, SC-7(4): 228-292, Aug, 1972.

Sobre o autor

Décio Martins de Medeiros, graduado em Engenharia de Eletrônica pelo ITA em 1975. Engenheiro de Eletrônica na NEC do Brasil de 1976 a 1977. Engenheiro de Vendas a Diretor Presidente na HP/Agilent de 1977 a 2009. Consultor de Gestão e Vendas de 2009 a 2019. A partir de 2020 autor de livros de poesias, teologia, religião, gestão, vendas, genealogia, memórias, humor, e outros temas.
Participa do blog Prazer Compartilhar e do Clube de Autores.

Conheça seus livros:
https://sites.google.com/view/autordeciomartinsdemedeiros/

138